魔法数学

——大魔术的数学灵魂

MAGICAL MATHEMATICS

THE MATHEMATICAL IEDAS THAT ANIMATE GREAT MAGIC TRICKS

⊙ [美] 珀西·迪亚科尼斯　葛立恒　著

⊙ [美] 马丁·加德纳　序

⊙ 汪晓勤　黄友初　译

上海科技教育出版社

U0304487

图书在版编目(CIP)数据

魔法数学：大魔术的数学灵魂 / (美)迪亚科尼斯，(美)葛立恒著；汪晓勤，黄友初译.—上海：上海科技教育出版社，2015.8(2023.8重印)

(大开眼界的数学)

书名原文：Magical Mathematics

ISBN 978-7-5428-6223-5

Ⅰ.①魔… Ⅱ.①迪… ②葛… ③汪… ④黄… Ⅲ.①数学—普及读物 Ⅳ.① O1-49

中国版本图书馆 CIP 数据核字(2015)第 087594 号

序

　　如果你不熟悉那奇招迭出、半隐半现的现代魔术世界,那么当你得知下述情况时,可能会大吃一惊:竟然有数千个用纸牌、骰子、硬币或其他道具玩的颇具观赏性的戏法,并不需要什么高超的手法技巧。它们能达到预期效果,是因为它们依据了数学原理。

　　举个例子,请看数学家们所谓的吉尔布雷思原理,这是以它的发现者、魔术师吉尔布雷思(Norman Gilbreath)的姓氏命名的。将一副牌理成牌色相间,即一张红牌、一张黑牌、一张红牌、一张黑牌,如此等等。发牌,只发一手,发出大约半副牌,形成一个牌叠,然后将它与留在手中的牌叠弹洗到一起。你会惊讶地发现,牌洗好后,取最上面的一对牌,每次总是一红一黑! 有几十种美妙的纸牌戏法采用了吉尔布雷思原理及其各种推广形式。其中最好的戏法,在这本不同凡响的书里有介绍。

　　你可以用基于这个原理的戏法让朋友们惊叹不已,但本书介绍这些戏法是另有原因的。这个原理的应用其实已远远超出了平常的数学范围。例如,它与著名的芒德布罗集密切相关,那是一个无限的分形图案,是通过一个简单公式在计算机屏幕上生成的。

　　但这还不是全部,荷兰数学家德布鲁因(N. G. de Bruijn)发现,吉尔布雷思原理可应用于彭罗斯瓷砖(仅以一种非周期方式铺砌整个平面的两种图形)的理论,同样也可应用于彭罗斯瓷砖的立体形式(所谓的准晶体即以此为基础)。这个原理另外还有一个应用,即用于排序过程的计算机算法设计,这在本书中有详细介绍。

　　本书的作者都是杰出的数学家。从贝尔实验室退休的葛立恒(Ron Graham),现在是加州大学圣迭戈分校的教授,他是一位组合数学方面的专家;珀西·迪亚科尼斯(Persi Diaconis)是斯坦福大学的一位同样著名的统计学家。他们各有一个业余爱好。葛立恒是一位玩杂耍的顶尖高手,珀西则是一位技术精湛的纸牌魔术师。

从他们的这本书中,你将了解到一些花式洗牌法的数学性质,它们是:完美洗牌法、挤奶洗牌法、蒙日洗牌法,以及澳洲洗牌法或称"发一藏一"洗牌法。你将了解到一些用到中国古代占卜书《易经》的戏法。你还将了解到奇偶性是怎样在魔术中起作用,以及怎样提供简洁有力的证明的。

本书不仅是一本出色的、写法不拘一格的数学魔术导引,而且在书的末尾作者还提供了为数学魔术作出巨大贡献的魔术师的照片和传略,从离群索居的乔丹(Charles Jordan)到行为古怪的赫默(Bob Hummer)。

最妙的是,你还会被引领到许多鲜为人知的高等数学定理面前。作者把你从讨人喜欢的自运行(即循序操作即可奏效的)魔术带到严肃的数学,然后再回到魔术。在很长一段时间内,不会再有一本如此条理清晰地、如此饶有风趣地对广阔的数学魔术领域作一番综述的佳作了。

马丁·加德纳(Martin Garder)

俄克拉何马州,诺尔曼

2010 年 4 月

前　言

我们俩在我们的大部分人生中已将娱乐和数学混在一起了。我们都是从娱乐方面起步的，一个是魔术师，另一个是杂耍演员和蹦床运动员。我们是被……嗯，是被本书中讲到的故事所诱惑而去研究数学的。我们两个现在都以做数学为生：教学、证明、猜想。

由于经常进行关于数学和戏法的、以及关于杂耍中的数学的讲座，这两个领域对我们来说就像洗牌那样洗到一起了。有关的联系发展得比较深入。有些戏法用到了"实实在在的数学"，并导致了超出现代数学范围的问题（参阅本书关于洗牌的那一章）。有时，我们解决了这些数学问题，并创造出了新的戏法（参阅第二章）。

我们俩的生活圈子都具有一种密集的社会结构；数以千计的玩家把有关的想法斟酌了又斟酌。这种历世大智慧中的一部分被编织在本书从头到尾的各处。除了数以百计的朋友和同事，还有好几十个人对本书作出了持久的贡献。

在魔术方面，弗里曼（Steve Freeman）、杰伊（Richy Jay）、尼尔（Bob Neale）和沃尔（Ronald Wohl）是我们的合作者，他们无私地奉献了自己的聪明才智。我们在哈佛和斯坦福的"魔术和数学"班的学生们都给予了帮助。我们特别要感谢芬德尔（Joe Fendel）。本杰明（Art Benjamin）、巴特勒（Steve Butler）、马尔卡希（Colm Mulcahy）和梅热（Barry Mazur）对我们文稿那令人赞叹的、颇具洞察力的审读，使我们受益良多。他们评审意见的篇幅加起来足可与本书匹敌。贝克特（Laurie Beckett）、克赖斯特（Michael Christ）、费雷尔（Jerry Ferrell）、希弗（Albrecht Heeffer）、卡卢什（Bill Kalush）、松山光伸（Mitsunobu

Matsuyama)和伍德(Sherry Wood)尽心尽力地为我们提供了帮助。普林斯顿大学出版社的编辑坦纳(Ed Tenner)、卡恩(Vickie Kearn)和贝利斯(Mark Bellis),则是与我们同呼吸共命运的盟友。

　　我们的家人,金芳蓉(Fan Chung Graham)、切·格拉汉姆(Ché Graham)和苏珊·霍姆斯(Susan Holmes)为我们提供了数不胜数的帮助。金芳蓉的数学工作出现在第二至第四章,切和苏珊则拍摄(和重新拍摄)了大量的照片。苏珊还对历史方面的内容以及其他许多章的内容有所贡献。

　　希望本书能将一种友谊之光照亮世界上每个成为我们家园的角落。

　　感谢并欢迎大家!

珀西·迪亚科尼斯、葛立恒

目录

第一章

飘在空中的数学

大多数数学上的花招只能设计成差劲的魔术,而且事实上其中的数学成分极少。"数学纸牌魔术"这一名词让人联想起无休止地把牌发成一叠一叠的,让观众耐着性子坐着干等。我们的使命是展示有趣的魔术,既容易表演,又包含好玩的数学。没有你的帮助,我们无法做到这一点。首先,请任意取四张牌(如图1.1),它们的花色点数可以各不相同,也可以都是 A,无所谓。让我先为你表演一下这个魔术。因为我们不必面对面就可以表演,所以将来你可以在电话中为你的朋友表演。经过练习之后,你可以叫上你的小弟或者你的妈妈,按下面的程序表演给他们看。

图 1.1

将四张牌理成一叠,(如图1.2),看一看底下的那张(如图1.3),那是你的牌,要记住它。

图 1.2

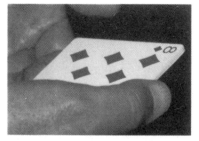

图 1.3

接下来,我们将根据若干简单的指令,将牌打乱。把顶上的那张牌放到底下(如图 1.4)。翻开现在顶上的那张牌,仍放在顶上(如图 1.5)。

图 1.4

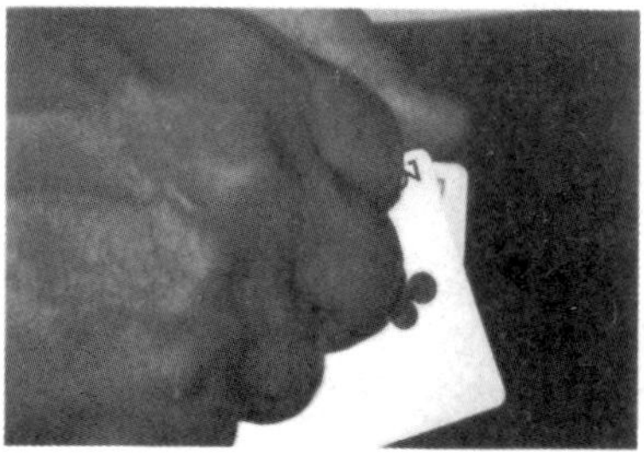

图 1.5

好,切一次牌(如图 1.6),无论切多少张都没关系,一张、两张、三张、四张(等于不切)均可。然后,捻出上面两张牌,合在一起翻过来,仍然放在上面(如图 1.7)。

图 1.6

图 1.7

第二次随意切牌（如图 1.8），然后将上面两张牌一起翻过来（如图 1.9）；再来一次切牌（如图 1.10）和翻转两张牌（如图 1.11）。

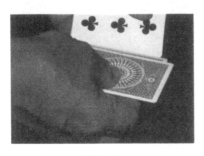

图 1.8

图 1.9

图 1.10

图 1.11

最后一次切牌和翻牌。此时四张牌完全打乱，谁都无法知道牌的顺序。别忘了你的那张牌！我们一起把它找出来。

把顶上的那张牌翻过来（如图 1.12，正面朝下的变成正面朝上，正面朝上的变成正面朝下），并放到底下去（如图 1.13）。

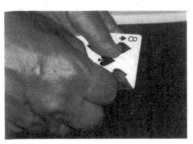

图 1.12

图 1.13

把现在顶上的那张牌放到底下去,但不翻转(如图 1.14)。最后,把顶上那张牌翻过来,仍放在顶上(如图 1.15)。

图 1.14 图 1.15

至此,操作结束。说出你的那张牌。将四张牌摊开,你会发现:有三张牌朝向相同(如图 1.16),而你的那张牌朝向与它们相反(如图 1.17)!

图 1.16 图 1.17

如果我们与一群现场观众在同一个房间内表演,我们就可以试着在一位系领带的男士或一位戴围巾的女士身上玩这个花招。给他/她四张牌,令他/她洗牌、看底牌,然后按上述指令切牌和翻两张牌数次。接下来,让参与者将这四张牌放在身后。余下的指令就是在这种牌被隐藏的情况下完成的。当切牌和翻牌阶段结束,我们在给出最后两部分指令时,紧盯住参与者的身体,就好像我们能看穿他/她一样。在揭开谜底之前,我们拿起领带(或围巾)遮住那些牌,让他/她说出自己的那张牌,然后出示四张牌。

我们为100名中学生表演过这个魔术,给每位学生四张牌,所有人同时玩。这是个迷人的魔术,真的让人很惊讶。

那么,这个魔术何以成功?让我们把它当做你的问题:它何以成功?你会发现,奇怪的是,很难给出清晰的解释。在20年的教学生涯中,我们让学生尝试解释这个魔术,迄今还没有哪个学生能给出真正清晰的解答。我们打算让你分阶段来了解它(其中包含了一些数学知识)。本章后面会给出解答。我们先将它推广到一般情形。

在魔术界,这个魔术被称为"宝贝赫默"(Baby Hummer),是由魔术师赫德森(Charles Hudson)对怪才赫默(Bob Hummer)的魔术原型进行改编而来的。后面我们会对赫默这个人有更多了解。下面是他对我们试图作出解释的那个原理的初始应用。

任取10张牌。让它们的正面全部朝下,就像你准备开始表演一个纸牌戏法。完成以下步骤,将牌混合成正面朝上和朝下交替出现。将顶上两张牌一起翻转后放在上面。切牌一次。重复"翻两张、任意切"的步骤任意多次。牌被打乱了,无法预测。为找出条理,按以下步骤操作:依次数牌,逢二翻牌(第2,4,6,8,10张,如图1.18)。你会发现,恰有5张牌正面朝上,无论"翻两张、任意切"的步骤重复了多少次。

赫默在一本名为《朝上/朝下的秘密》(1942)的自印手稿里推销了这个魔术。这个10张牌魔术在观众面前表演的次数不如我们一开始介绍的宝贝赫默那样多。赫默又介绍了第二阶段的一种戏法。在展示了5张牌正面朝上、5张牌正面朝下之后,对牌进行重组,使得朝上和朝下的牌交替出现。将10张牌递给一名观众,让他把牌放在桌下(或他的背后)。让他重复"翻两张、任意切"的

图 1.18

步骤若干次。将牌取回,但不看牌。仍然将牌放在桌下(或你的背后),和前面一样逢二取一翻牌。你会发现,所有牌的正面朝向都相同。

又有人会问:这个魔术何以成功?赫默的"翻两张、任意切"的步骤保留了什么排列性质呢?为了考察赫默"翻两张、任意切"的混合步骤,我们发现,用某种方法将所有可能的排列写下来,是很管用的。我们不去考虑 4 张或 10 张牌的情形,而是考虑偶数张牌的一般情形。设有 $2n$ 张牌(若 $n = 2$,则 $2n = 4$;若 $n = 5$,则 $2n = 10$)。一会儿就能看出,奇数张牌的情形与此截然不同。$2n$ 张牌中,有些正面朝上,有些正面朝下。依次记下牌面上的点数,对于正面朝上的牌,在相应的数上加一横杠。于是,若 4 张牌中,顶上的 3 正面朝上,第二张 1 正面朝下,第三张 4 正面朝下,底下的 2 正面朝上,则可记为 $\overline{3}, 1, 4, \overline{2}$。10 张牌的一种可能排列为 $2, \overline{1}, 4, \overline{8}, 6, \overline{5}, \overline{3}, \overline{10}, 7, \overline{9}$。

符号 $1, 2, 3, \cdots, 2n$ 的排列方式共有 $1 \times 2 \times 3 \times 4 \times \cdots \times 2n$ 种。这个数通常记为 $(2n)!$(读作 $2n$ 的"阶乘")。每一种排列的标横杠方式有 $2 \times 2 \times 2 \times \cdots \times 2 = 2^{2n}$ 种($2n$ 个数中,每个数均可加横杠

或不加横杠）。因此，总共有 $2^{2n} \times (2n)!$ 种不同的排列。即使是对于一个不大的 n 来说，这也是个很大的数。若 $2n = 4$，则有 $2^4 \times 4! = 16 \times 24 = 384$ 种排列。若 $2n = 10$，则有 $3\,715\,391\,200$（接近 40 亿）种。这是最大可能的排列数。我们将看到，若从一叠正面朝下的牌开始，采用赫默的"翻两张、任意切"步骤，并非所有排列均会出现。

在给出一般答案之前，我们先来看一个初步结论，说明 $2^{2n} \times (2n)!$ 种排列中有许多情况是得不到的。这一结论亦清楚地说明了赫默的 10 张牌魔术何以成功。我们将其表达为一个简单的定理，这也说明，定理随处可以产生。

定理 让一叠 $2n$ 张牌的正面全部朝下。经过任意次"翻两张、任意切"的操作后，必将得到以下规律：偶位上正面朝上的牌数等于奇位上正面朝上的牌数。

按惯例，我们会把证明放在每一章的最后。不过，上述定理的证明我们先在这里给出。一开始，奇位和偶位上都没有正面朝上的牌，要证明的定理当然是成立的。假设经过若干次洗牌后，定理成立。注意到，将顶上的单张牌切到底下后，定理仍然成立。因此，任意多张牌从顶上切至底下后，定理也是成立的。于是，所要证明的结论对于任意次切牌都是成立的。最后，假设所证结论对于目前的牌叠成立。注意到，目前的牌叠很可能既有正面朝上的，也有正面朝下的。让我们证明，翻转顶上两张牌、并放回上面之后，定理也是成立的。考虑顶上两张牌所有可能的排列：

下下，下上，上下，上上

翻牌后，四种情形分别变成：

上上，下上，上下，下下

对中间两种情形,朝向模式未发生改变,故若开始时结论成立,那么翻转后结论仍成立。对第一种情形,翻牌后,奇位和偶位上正面朝上的牌数都多了 1。因翻牌前奇位和偶位上正面朝上的牌数相同,故翻牌后,两者仍然相同。同样的论证也适用于最后一种情形。于是,我们涵盖了所有的情形,定理得证。

根据这个定理,很快就能看出赫默的魔术何以成功了。从 $2n$ 张正面朝下的牌开始(赫默魔术为 $2n = 10$ 的情形),经过任意次"翻两张、任意切"之后,将有若干张牌正面朝上。设偶位上的 n 张牌中正面朝上的牌数为 A,则因偶位上共有 n 张牌,故偶位上必有 $n - A$ 张正面朝下的牌。由定理可知,奇位上的 n 张牌也有完全相同的结果——A 张牌正面朝上,$n - A$ 张牌正面朝下。若将奇位上的牌都拿掉并翻转,则得 $n - A$ 张正面朝上的牌,加上偶位上 A 张正面朝上的牌,共有 $(n - A) + A = n$ 张正面朝上的牌。当然,另外 n 张牌正面朝下。结论得证。

上述证明毁坏这个魔术了吗?对我们来说,那是点燃神秘世界中的一束光而已,它仅仅是让我们明白而愉快地被骗。

为检验你的理解状况,我们顺便提及,在魔术界,赫默原理有时也被称为 CATO(切牌后翻两张),这与"翻两张、任意切"的顺序恰好相反。上述定理对 CATO 和"切牌后翻四张"或"翻偶数张、任意切"都成立。

在本章后面,我们将证明,恰有 $2 \times (2n)!$ 种排列是可以得到的,并给出这些具体的排列。由这个更一般的结论可以推出我们刚刚证明的定理,并且实际上可以推出所有关于赫默魔术的混合过程。

与此同时,我们转向以下问题:一个真正好的魔术是如何从这样的数学中产生的？当代最伟大的纸牌魔术师之一弗里曼（Steve Freeman）严守的一个秘密给出了答案。弗里曼允许我们对赫默魔术惊人的扩展版作出解释。我们先刻画它的效果，然后说明具体的手法。那些希望知道它何以成功的人得学一下本章末的有关数学知识。

1 完美赫默魔术

首先,讲一下观众所见的效果。表演者将一副牌的大约三分之一交给一位观众,并让他将牌彻底洗开。从观众手里取回牌,表演者说要将牌进一步混合,由观众来决定正面朝上或朝下,把牌完全打乱。两张两张地处理这些牌,每次由观众来决定是让牌保持原样还是将它们翻转。接下来,四张四张地处理,重复上述做法。此时,桌上有一堆正面朝上和朝下混合的牌。表演者说:"我想,你应该同意现在这些牌真的是随机分布的了。"再次要求观众作一次决定——表演者将牌分成两叠(左、右、左、右……),观众选其中一叠,翻转,放到另一叠上面。这时候,表演者解释说,扑克游戏中最大、最完美的一手牌是同花大顺——同花色的 A,K,Q,J 和 10。将牌摊开,恰好有五张正面朝下的牌。"五张牌——恰好构成了最完美的一手牌。"逐张翻开这五张牌——它们构成同花大顺。

这个魔术的效果就是这样。下面看看它后面的原理。开始表演之前,将整副牌检查一遍,看上去像是在检查牌是否完整,并将五张同花大顺放在最上面(不一定要按顺序放)。取出最上面20张左右的牌。精确的牌数无关紧要,只要是偶数并且包含同花大顺即可。让一位观众洗牌。然后将牌取回,并全部翻开,使正面朝上。在解释下一步时,依次将牌摊开。看一下最前面两张牌。

1. 如果没有一张是同花大顺中的牌(如图 1.19),就让第一张牌保持正面朝上,将第二张牌翻成正面朝下(如图 1.20),并保持原来的位置(用第一张牌盖在第二张牌之上,如图 1.21)。将这两张牌放到桌上(如图 1.22)。

图 1.19　　　　　　　　　　图 1.20

图 1.21　　　　　　　　　　图 1.22

2. 如果第一张是同花大顺中的牌,而第二张不是(如图 1.23),则依次翻转这两张牌(如图 1.24、图 1.25 保持原来的位

图 1.23　　　　　　　　　　图 1.24

图 1.25	图 1.26

置）。将这两张牌放到桌上（如图 1.26）。

3. 如果第二张是同花大顺中的牌，而第一张不是（如图 1.27），则让两张牌保持正面朝上放到桌上（如图 1.28）。

图 1.27	图 1.28

4. 如果两张都是同花大顺中的牌（如图 1.29），则让第一张牌正面朝下，第二张牌正面朝上（如图 1.30）。将两张牌放到桌上（如图 1.31）。

图 1.29	图 1.30

每次取出的牌,按上述规则调整后,叠加到前次操作过的牌上面。按同样步骤将所有的牌两两操作完毕(如图1.32)。若一开始不小心拿了奇数张牌,则从剩余的牌中再取一张。

图1.31   图1.32

现在,两张两张地取牌,每次让观众决定"保持原样或翻转",按指示将它们在桌上叠成一堆。完成后,拿起这叠牌,像前面一样实施"保持原样或翻转"的过程(亦可四张四张地取牌)。最后,将牌分成两叠(左、右、左、右……)。让观众随意取其一,翻转,置于另一叠之上。若同花大顺中的牌正面不朝下,则将全部牌翻转后再摊开。

这是个十分精彩的魔术。看上去,牌的混合真的像是完全随意的。结局令人吃惊。确实需要做些练习,但很值——一个用借来的牌(不一定是完整的)完成的很成功的魔术。

或许,从这里学到的最重要的内容是如何能够通过一个相当简单的魔术将一条简单的数学原理变得不同凡响。这是魔术界50年来不断发展的结果。来自各行各业的人们致力于改进旧魔术,提出新玩法,实事求是地对待成败得失。创始人和终结者分别是两位大师——赫默和弗里曼。得感谢他们。

说说怎么练习。刚开始按照上述1—4的步骤进行操作的时候,你的动作笨拙而缓慢。但经过上百次的练习之后,你就会变得驾轻就熟,几乎不需要再看牌。一名熟练的表演者会一边表演一边喋喋不休("接下来我们要把牌翻成正面朝上和朝下。随你怎么定……")。整个过程要轻松自然,毫不做作。这一切需要不断练习。

在本章接下来的部分,我们要对一些数学知识作出解释。首先,让我们来论证一下本章开头所介绍的宝贝赫默魔术何以成功。假设一开始我们有三张牌正面朝向一样,另一张牌(也就是我们所说的底牌)正面朝向与它们相反。不妨称(从上到下)第一和第三张牌为"一对",第二和第四张牌为"一对"。初始指令将所选牌与底牌配成对。易于检验,按"翻两张、任意切"的步骤洗牌(简称赫默洗牌法),将保持这种关系不变(只需检验两种基本情形)。最后,结束指令的作用是翻转一张牌及其配对牌,这使得所选牌就是那张底牌。同样只需检验两种情形即可。解释结束。

对那些改编版,你自然会问,原来按 $1, 2, 3, \cdots, 2n$ 排序的正面朝下的一叠牌,利用赫默洗牌法洗任意多次后,究竟能得到什么结果呢? 下面的定理准确说明了洗牌后出现的结果。

定理 用赫默洗牌法洗 $2n$ 张牌任意多次,任一种排列均有可能出现。不过,牌的朝向是受到约束的:考虑位于第 i 张的牌。若正面朝上,将其点数加 1,再加上 i。则对于任意 i,所得结果均为偶数(或均为奇数)。

例 考虑四张牌,最终排列为 $4, \overline{2}, \overline{1}, 3$。在第 1 个位置,"位值 + 点数 +1(正面朝上)或 0(正面朝下)"等于 $1 + 4 + 0 = 5$。其他三个位置上,分别有

$$2 + 2 + 1 = 5, 3 + 1 + 1 = 5, 4 + 3 + 0 = 7,$$

所有结果均为奇数。

评注 定理中的正面朝向约束乃是唯一的约束条件。用赫默洗牌法得到的一切排列都满足该条件,满足该条件的任意排列均可由赫默洗牌法得到。一个有趣的、尚未解决的问题是求出达到一种特定排列所需的最小赫默洗牌次数。

赫默洗牌法的任何一个性质均可由该定理导出。以下我们给出其中的几个推论。

推论 1 利用赫默洗牌法洗 $2n$ 张牌,可得 $2 \times (2n)!$ 种排列。

评注 用数学语言来说,利用赫默洗牌法洗 $2n$ 张牌,所有可得排列的集合构成一个群。

推论 2 (对赫默魔术原型的解释。)用赫默洗牌法洗任意多次之后,偶位上正面朝上的牌数等于奇位上正面朝上的牌数。因此,若将偶位上的牌全部拿出来翻转,则正面朝上的总牌数为 n。

证明 考虑偶位上的牌。若其中有 j 张牌具有偶数点数,则它们的正面朝向必定相同。类似地,另 $n-j$ 张具有奇数点数的牌,其正面必定都朝向相反方向。在奇位上,有 $n-j$ 张具有偶数点数的牌,其正面朝向与偶位上具有偶数点数的牌相反。若将偶位上的牌都拿出来翻转,则有 $j+(n-j)=n$ 张牌的正面朝向相同,另 n 张牌的正面都朝向相反方向。

推论 2 的推论 推论 2 的论证表明,用赫默洗牌法洗任意多次之后,将偶位(或奇位)上的牌拿出来翻转,则原先处于偶位上的牌正面朝向相同(类似地,原先处于奇位上的牌的正面都朝向相反方向)。让我们将其用于魔术:取五张红牌和五张黑牌,红黑交替排列、正面朝下。用赫默洗牌法洗任意多次后,隔张取牌翻转,则所有红牌正面朝向相同,所有黑牌正面都朝向相反方向。这就产生了一个令人拍案称奇的魔术。它可以衍生出无数变化形式。例如，拿出四张 A 和六张别的牌。将 A 都置于偶位（如第 2、4、6 和 8 位）。将底下那张牌翻成正面朝上，用赫默洗牌法洗任意多次。接着，隔张翻牌。四张 A 的正面朝向会与其他牌相反。根据这一思想，赫德森导出了很多有趣的魔术，其中的宝贝赫默前面已做过解释。弗里曼的完美赫默可能是其终结版。

最后说明一下，在对赫默洗牌法的理解上，我们并未功德圆满。下面两条注记录了一个很自然的问题（它只是对于偶数张牌有效吗？）和由此产生的新魔术。我们不知道的还有很多。（例如，一次翻 3 张，情况会怎样？）

注 1　人们自然要问：对奇数张牌的情形，魔术能否成功？可以让一名观众拿掉任意的 5 张牌，并由此开始表演魔术。以下我们假设始终应用"翻两张、任意切"的步骤。

这里有一个规律：总有偶数张牌正面朝上。哈，这就是唯一的规律。n 张牌（n 为奇数）的所有 $2^{n-1} \times n!$ 种可能的排列都能实现。

不妨给出其中一种证明。首先，对任意 3 张牌可实施如下操作：$1\,2\,3 \to 2\,1\,3 \to 2\,3\,1 \to 3\,2\,1$，于是，1 和 3 交换了位置。这么做，使偶位和奇位上的任意排列均有可能出现。考虑交换位 1 和位 3，然后交换位 3 和位 5，再交换位 5 和位 7，…，直至交换位 $n-2$ 和位 n，最后得到 3, 2, 5, 4, 7, 6, …, $n-1$, 1。例如，对七张牌的情形，可得 3, 2, 5, 4, 7, 6, 1。现将偶位上的连续数对进行调换，将 2 移到右边，得 3, 4, 5, …, n, 2, 1。最后，将底下两张牌切到顶上。这些都由简单的交换得到。照例，这让我们得以调换任意两张连续的牌，从而最终获得任意排列。

接下来，我们来说明如何从偶数张正面朝上的牌达到任意的正面朝上/朝下的排列(用 0 表示正面朝下的牌,1 表示正面朝上的牌)。每次翻转两张牌。以下是具体的变化过程:$000\cdots0\to110\cdots0$ $\to11110\cdots0\to10010\cdots0\to1001110\cdots0\to1000010\cdots0\cdots\cdots$ 切牌后,可将 1 分开到任何位置(因为 n 是奇数)。这表明,任意一对牌都能被翻成正面朝上。每次翻转一对,表明偶数张牌的任意排列均可被翻成正面朝上。最后,设法创造具有任意朝向模式的任意排列,即得最终结果。

由上可得,赫默魔术并不能真正推广到奇数张牌的情形。当然,以上描述的两类配对方法可构成魔术的基础。

注 2 发展这个理论的原因之一是希望能开发出新的魔术。以下是根据我们的分析得到的一个魔术。

其效果如下。让一名观众从 10 张黑桃中拿出 A,并将这些牌排序(从 A 到 10 或从 10 到 A 均可)。然后转过身,让他用赫默洗牌法将这 10 张牌洗任意多次。你可以发誓,你对牌序一无所知。让一名观众每次(自上而下地)说出一张牌的点数,你就能说出牌的正面朝向。

由上面的分析可知,唯一的谜是第一张牌的正面朝向(其余的牌由它决定)。你只需猜一猜!若猜对了,就继续;若猜错了,就擦擦你的眼睛,让观众专心点。再试一遍!上述魔术可以在电话里完成。注意,你只要依次知道牌的奇偶值,就能知道它们的朝向。

我们首先承认,上面介绍的是个拙劣的魔术。我们希望某地的某个人能对其作出改进,创造出易于操作的魔术。若有,烦请相告(我们会大肆宣传或者为你守口如瓶)。

❷ 回 到 魔 术

作为高调的结尾,我们给出弗里曼最喜欢的处理完美赫默魔术的方法。以下步骤取代了上面的步骤1—4。一开始,你有20张左右包含同花大顺的牌,所有的牌正面朝向一致。同花大顺被分散在牌中。将牌分成两叠,一手一叠,正面朝上。两手交替发牌,在桌上堆成一叠,翻转其中若干张牌。最后,偶位上非同花大顺的牌正面朝上,奇位上非同花大顺的牌正面朝下。同花大顺牌的正面朝向相反。当这些牌分成两叠,翻转其中一叠置于另一叠之上,则所有非同花大顺的牌正面朝向相同,同花大顺牌的正面朝向相反。

为熟练掌握该魔术,让我们做一个简单的练习:取两叠正面朝上的牌,一手一叠。两手交替往桌面上发牌,左,右,左,右,……,最后得到正面朝上的一叠。重复练习,直到驾轻就熟。现在,以同样的方式开始,尝试在发牌时让左手上的牌正面朝下放(右手上的牌仍旧正面朝上放),于是发出的牌为正面朝下、朝上、朝下、朝上,等等。若做起来别扭,就试试将右手上的牌正面朝下放(左手上的牌仍旧正面朝上放),然后再将两手上的牌都正面朝下放。始终保持标准化的左右手交替发牌,这样的练习是很有益的。

言归正传。一开始取偶数张牌，要少于半副，包含同花大顺，所有的牌正面朝上。将牌分成大致相等的两份，正面朝上分别放在两只手上。左右手交替发牌，在桌上堆成一叠。遵守以下规则：

1. 若出现两张非同花大顺牌，则左手上的牌正面朝上发，右手上的牌正面朝下发。

2. 若出现两张同花大顺牌，则左手上的牌正面朝下发，右手上的牌正面朝上发。

3. 若左手有一张同花大顺牌，而右手有一张非同花大顺牌，则左、右手上的牌都正面朝下发。

4. 若左手有一张非同花大顺牌，而右手有一张同花大顺牌，则左、右手上的牌都正面朝上发。

若一手中的牌先发完，只需将余牌分成两份，继续发牌。魔术按上述方式继续。同样需要反复练习，才能玩得自然、准确、得心应手。完整地反复练习几十次足矣。

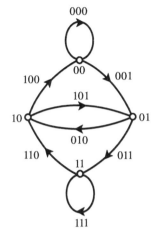

第二章

圈

　　在本章和下面的两章,我们将介绍一个精彩的魔术,它能导出、也得益于奇妙的数学知识。我们曾在夜总会、休伯特的跳蚤博物馆和美国数学会的一次宴会上表演过该魔术。该魔术确实骗过了魔术师、数学家和普通人。这里所涉及的数学知识始于基础图论。的确,它所运用的是引发了图论主题的思想,同时,它也需要有限域和组合数学中的一些工具。该魔术的核心就是德布鲁因序列。该理论的应用远远不止纸牌魔术,它还广泛应用于东印度音乐中的韵律、机器人视觉和密码编制等。应用于魔术的是我们称之为通用圈的变化形式。它们需要新的数学理论,其中很多理论目前还不存在(或者至少现在还不知道)。

　　故事很长,我们分三章来讲。本章介绍该魔术,并对它何以奏效做出一点解释。我们将解释什么是德布鲁因序列,说明它的存在性,介绍它的构造及计数方法。最后,我们给出表演该魔术的具体细节。

　　第三章讲述一些故事:现实世界中的破译密码、工业间谍和 DNA 编码,这些都用到了德布鲁因序列。第四章介绍应用德布鲁因序列推广形式的一些新魔术。这些新通用圈的理解、构建和计算,引领我们走向数学知识的边缘。各章相对独立,但都始于下列魔术。

德布鲁因序列魔术

魔术的效果

下面是观众看到的情形。表演者取出一副装在盒子里的牌（盒子上绑一根新的橡皮筋有助于让人确信没有意外情况）。把牌扔向一位观众，他又把牌扔给另一位观众，这样一直传到房间的后面。实际表演该魔术时，你至少需要五名观众，若观众多达上千名，则效果更佳。让最后一位拿到牌的观众将牌从盒子里取出，盒子丢到地上，然后在任意一个位置上切牌一次。把牌传给另一位观众，切牌一次，并将其传给下一位观众，一直传到第五位观众。切牌后，让他拿掉顶上一张牌，并将牌传回第四位观众，也让他拿掉顶上一张牌。五位观众的每一位都依次拿掉一张牌。这时，表演者问："这听起来也许很奇怪，但是能烦请各位看看自己手里的牌，记住这张牌的图案，并通过心灵感应传递给我吗？"接着，表演者聚精会神，装作很困惑的样子："你们做得很棒，但传到我这里来的信息太多，我来不及消化。能请拿到红牌的人站起来并集中精神吗？"假设第一位和第三位观众站了起来。表演者如释重负，说："好极了。我看见了红心 7？"（其中一位观众指出，这确实是他正在想着的那张牌。）"还有一张方块 J？是的。"现在，转向另外三位观众，表演者说出了他们手里的三张黑牌。

上面的描述详尽无遗；所有牌都不在表演者的掌控之中，也没有用任何方式弄虚作假或暗做记号。它何以成功呢？

魔术的秘密

该魔术的秘密在于表演者的一个单纯的问题："能请拿到红牌的人站起来并集中精神吗？"对这个问题的回应可能出现 32 种不同情形：无人起立，只有第一位观众起立，只有第二位观众起立，只有前两位观众起立，等等，最后一种情形是所有五位观众都起立。五位观众，每位或起立或不起立，共有 $2 \times 2 \times 2 \times 2 \times 2 = 32$ 种可能的回答。这和传出去的牌数恰好相等。（抱歉，这个细节我忘记告诉你们了，但观众们绝不会因此抱怨的！）当然，一开始牌是仔细排好的，每五张相连的牌同色。

为了在较简单的情形中看明白这个问题，我们假设只让三位观众各拿掉一张牌。他们的回答共有 $2 \times 2 \times 2 = 8$ 种情形，故可用 8 张牌。8 种可能的情形分别是：

红红红 红红黑 红黑红 红黑黑

黑红红 黑红黑 黑黑红 黑黑黑

我们需要找出一个由 8 种红/黑颜色组成的序列，其中，每个相连的三色组只出现一次。读者可以检验，序列"红红红黑黑黑红黑"满足上述条件。前三种颜色为"红红红"，然后是"红红黑"。接下来的三色组依次为"红黑黑"、"黑黑黑"、"黑黑红"、"黑红黑"、"红黑红"、"黑红红"（到底后拐到前面）。出现一次且仅有一次的所有 8 个三色组都含在其中了。因此，可用以下 8 张牌来表演本魔术：红心 A，方块 5，红心 6，黑桃 2，黑桃 5，梅花 K，红心 7 和黑桃 8。

当然,具体的点数无关紧要,但观众对此并不知晓。

在解释 32 种情形(以及牌数更多的情形)之前,让我们简要复述一下。用数学家喜欢的 1 和 0 分别表示红与黑。则"红红红黑黑黑红黑"就变成 11100010。一个窗口长度为 k 的德布鲁因序列就是长度为 2^k(此即 $2 \times 2 \times \cdots \times 2$,共乘了 k 次)的 0/1 序列,每一个 k 位数组只出现一次(到底后拐到前面)。于是,11100010 就是一个窗口长度为 3 的德布鲁因序列。只要有一个窗口长度为 k 的德布鲁因序列,我们就可以用 2^k 张牌来表演魔术。在下一章中我们将看到,实际应用中会用到 k 值很大的德布鲁因序列。我们现在需要一个 $k = 5$ 的德布鲁因序列。爱解疑难问题的读者也许想要坐下来,用纸和笔(还有橡皮?)试着通过"手算"来构造一个德布鲁因序列。这并非易事。的确,对于任意 k 是否均存在这样的序列,这并非显而易见。在讨论通用圈的第四章,我们会给出听上去十分类似的问题,其中,对于某些 k 确实存在这样的序列,但对于其他的 k,该序列并不存在。

现在,我们遇到了一个数学问题:已知 k,是否存在窗口长度为 k 的德布鲁因序列?若存在,则共有多少个这样的序列,如何将它们找出来?在本章接下来的部分,我们将回答这些问题,并说明如何将它们用于我们的纸牌魔术。

对于每一个 k,是否存在德布鲁因序列?回答这个问题的办法之一需要用到图论知识。一个有向图可以表示为一束点(图的顶点)和某些顶点之间的一束箭头(图的边)。例如,图 2.1 显示的是一个具有四个顶点(A, B, C, D)和五条边的简单图。从 D 到 D 自身的边称为一个圈。初遇图论时,你很难想象这里要讲的东西会比你预想的多得多。事实上,这是一个活跃的研究领域,有好几本专业刊物,一打左右的年会,以及几百个图论专家。下面的例子将告诉你为什么会这样。

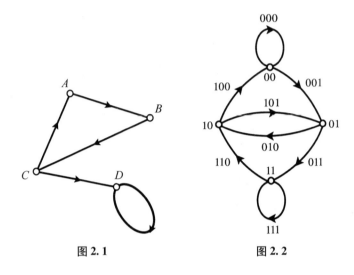

图 2.1　　　　　　　图 2.2

我们现在的问题是,是否总是至少存在一个窗口长度为 k 的德布鲁因序列。构造一个图,其顶点是长度为 $k-1$ 的 0/1 字符串(故有 2^{k-1} 个)。若存在长度为 k 的 0/1 字符串,其左边为 x,右边为 y,则从顶点 x 到顶点 y 连一条边。与许多思想一样,通过例子最容易理解它。例如,当 $k=3$ 时,有 4 个长度为 $k-1$ 的 0/1 字符串,分别为 00、01、10、11。图 2.2 显示了这些顶点的德布鲁因图。

例如,从 01 到 11 有一条边,因为存在长度为 3 的 0/1 字符串 011,起始于 01,终止于 11。每一条边都用 0/1 三数组来表示。对于任意一个 k,都存在一个德布鲁因图,不过画起来会越来越难。

一个有向图中的"欧拉回路"是指(沿着箭头方向走)正好经过每条边一次,并辗转回到起点的通道。例如(用手指画),从底下的顶点 11 出发,经过边 111,再次来到顶点 11,然后依次经过顶点

10、01、10、00、00、01、11。若将每一步记下来,中间以逗号隔开,则上述的圈就是:

11,10,01,10,00,00,01,11。

由于我们的通道沿着箭头方向,圈中的每一个顶点与它的下一个顶点都具有共同的"中心"。打破这个圈,只标出新添的数字,即得到一个德布鲁因圈:

11101000。

更一般地,对任意一个 k,德布鲁因图中的欧拉回路给出了一个窗口长度为 k 的德布鲁因圈。

用一个简单的 0/1 字符串问题来解决一个难以想象的抽象图问题,这看上去似乎不太可能。然而,运用大数学家欧拉的思想,我们容易看出,当且仅当进入每一个顶点的边数和离开该顶点的边数相等时,一个连通图(即你可以从任一顶点出发,沿着箭头方向到达任一别的顶点)具有欧拉回路。对德布鲁因图而言,离开每一个顶点的边恰有两条——从一个长度为 $k-1$ 的 0/1 数组出发到长度为 k 的 0/1 数组,只有两种方式:加 0 或加 1。类似地,进入每一个顶点也恰有两条边。另外,不难检验(一次改变一个数字),从任一顶点出发,沿着箭头方向,经过某些路径,我们能够到达任一别的顶点。由于我们已经验证了欧拉定理的条件,我们现在可以运用它的结论:对于每一个 k,都存在一个德布鲁因序列。该定理的证明甚至给出了一种构图的分类算法:从任一顶点(如 $k-1$ 个 0)出发,选择任一可用的离开方向的箭头,擦去这个箭头并继续。证明显示,你可以畅通无阻地经过每一条边恰好一次。此外,这一构图方法产生了一个圈;最后一步辗转回到了起点。(严格地说,你可以用许多更小的圈来完成,这些圈连在一起构成了一个大的欧拉回路。)

更多的情形出现了,不过且让我们回到魔术上来。通过实际画出 $k=5$ 时的图(含 16 个顶点,有点乱),我们发现有很多德布鲁因序列,其中一个是:

0000010010110011111000110111 0101。

我们就用这个序列来编制一个易于操作的魔术。取一副牌,从每一种花色中取出 $A-8$(共 32 张),将所取的牌按下面的顺序排列:

梅花 8,梅花 A,梅花 2,梅花 4,黑桃 A,方块 2,梅花 5,黑桃 3,方块 6,黑桃 4,红心 A,方块 3,梅花 7,黑桃 7,红心 7,红心 6,红心 4,红心 8,方块 A,梅花 3,梅花 6,黑桃 5,红心 3,方块 7,黑桃 6,红心 5,红心 2,方块 5,黑桃 2,方块 4,黑桃 8,方块 8。

这与上面的 0/1 字符串恰好相符——黑,黑,黑,黑,黑,红,黑,黑,……顶上那张是梅花 8,下一张是梅花 A,底下那张是方块 8。以上述方式排列的牌可以切任意次,而不会改变其循环模式,只是起点改变了。要表演该魔术,表演者必须能够"破译"五位观众所定的排列模式,并将其转化成五张牌的名称。以下是一种实际操作的方法。表 2.1 列出了对应于每种可能的排列模式的五张牌。

使用该表的一种方法是用铅笔将它轻轻写在便签本的上部(亦可复印)。将牌从盒中取出(勿忘橡皮筋)。如前所述,让五位观众各取一张牌。拿起便签本和一支记号笔(表面上把它们当做辅助可视化进程的工具)。在对观众说"注意力集中"之类的行话时,在便签本上快速书写。在承认难度很大之后,让手持红牌的观众站起来。心里暗暗把它们转化为二进制模式,比如 01100(0 表示黑牌,1 表示红牌)。在表中找到该排列模式。此时,你对五张牌已经了如指掌,可以戏剧性地将它们揭穿,或许可以先说出红牌,然后说出黑牌。

表 2.1　可能的扑克牌排列模式

00000	8♣,A♣,2♣,4♣,A♠	01000	8♠,8♦,8♣,A♠,2♣
00001	A♣,2♣,4♣,A♠,2♦	01001	A♠,2♦,5♣,3♠,6♦
00010	2♣,4♣,A♠,2♦,5♣	01010	2♠,4♦,8♠,8♦,8♣
00011	3♣,6♣,5♠,3♥,7♦	01011	3♠,6♦,4♠,A♥,3♦
00100	4♣,A♠,2♦,5♣,3♠	01100	4♠,A♥,3♦,7♣,7♠
00101	5♣,3♠,6♦,4♠,A♥	01101	5♠,3♥,7♦,6♠,5♥
00110	6♣,5♠,3♥,7♦,6♠	01110	6♠,5♥,2♥,5♦,2♠
00111	7♣,7♠,7♥,6♥,4♥	01111	7♠,7♥,6♥,4♥,8♥
10000	8♦,8♣,A♣,2♣,4♣	11000	8♥,A♦,3♣,6♣,5♠
10001	A♦,3♣,6♣,5♠,3♥	11001	A♥,3♦,7♣,7♠,7♥
10010	2♦,5♣,3♠,6♦,4♠	11010	2♥,5♦,2♠,4♦,8♠
10011	3♦,7♣,7♠,7♥,6♥	11011	3♥,7♦,6♠,5♥,2♥
10100	4♦,8♠,8♦,8♣,A♣	11100	4♥,8♥,A♦,3♣,6♣
10101	5♦,2♠,4♦,8♠,8♦	11101	5♥,2♥,5♦,2♠,4♦
10110	6♦,4♠,A♥,3♦,7♣	11110	6♥,4♥,8♥,A♦,3♣
10111	7♦,6♠,5♥,2♥,5♦	11111	7♥,6♥,4♥,8♥,A♦

重要的是不要留下任何查表的蛛丝马迹,多想多练有助于此。一开始,记住表中的前八行始于 00,接下来的八行始于 10,然后是 01,最后是 11。表中每八行上半部分的最后三位分别为 000,001,010,011;下半部分的最后三位分别为 100,101,110,111。当你看到观众如何起立时,你的手在便签本上锁定对应的八行及上或下半部分。这些动作不能看着便签本做。然后,迅速一瞥以确定准确的模式。用手指或拇指指向该模式。然后看着准确的牌名,随手涂写在便签本上。你可以用大写字母表示的正确牌名来结束发现过程。练习不可或缺。准备好你要说的话,不断地说,假装你是

个心里没底的读心术者。我们认为,至少要完整地练习 50 遍,才能表演好这个魔术。

我们过去的一个学生(如今已经是教授了)曾利用计算机来代替上面的列表。他编了一个简短的程序,输入五个二进制数字,就可输出所选的五张牌。他通过向观众询问并输入看似无关的信息("你出生于哪个国家?""你今天早餐喝过橙汁吗?"等等)来制造假象。他将计算机用作"作弊工具"。第一个将此变成苹果手机应用程序的人将从我们这里赢得一杯免费橙汁!

在本章最后,我们给出一个完全去掉任何秘密列表的方法——整个魔术全靠记忆来完成。能做到这一点,全靠一些绝妙的数学知识。

我们对德布鲁因序列理解到什么程度了呢?德布鲁因图的数学原理告诉我们,原则上,我们总能找到一个德布鲁因序列。然而,我们手头没有任何具体的方法,并且,对于不同的应用,有很多不同的构图方法。

一个系统化的方法是"贪婪算法"。一开始,写出 k 个 0 构成的序列,然后在适当的时候(即当你未构造出你已见到的模式时)加上 1。于是,当 $k=4$ 时,从 0000 开始,并从列表中划掉该排列模式。加上一些 1(每次都从列表中划掉相应模式),得到 00001111,作为第一组八个符号。再加一个 1,会得到重复模式,这时只能改加 0。继续增添数字,最后得到序列:

$$0000111101100101$$

该方法对 $k=4$ 的情形有效。马丁(M. A. Martin)于 1934 年证明,该方法对任何 k 都有效。一个讲究实际的人可能只需要针对一个固定的 k 构造出一个序列,并感到纳闷:为什么数学家会去关

心所有的 k。毕竟,并没有什么实际应用真的会用到很大的 k(如大于 100)。即使是对于 $k=40$, $2^{40} \approx 10^{12}$ 在今日的计算机上也并不难实现。为什么还要费心做更仔细的分析呢?虽然没有奇特的解释,但我们提供了两个迫切需要理论知识的问题。在上述纸牌魔术中,已知 k 个连续的符号,需要知道它在序列中的具体位置。在第三章的应用中,我们需要做与此相反的事情——已知德布鲁因长序列中的一个位置,求接下来的 k 个符号是什么?

考虑第一个问题。当 $k=4$ 时,假设在由贪婪算法所产生的序列中,我们看到 0110。下一个字符是 1 吗?除非 1101 先前已经有过,否则它可能就是 1。结果,下一个字符是 0。因此,要想知道下一个字符是什么,似乎需要检查前面出现过的所有排列模式。当然,这只是第一个关于此事的想法。也许,对贪婪算法进行更仔细的检查,将会揭示某些有用的结构。这又是一个数学问题。可以证明,对于大的 k 值,在运用贪婪算法时,我们查询所需的存储列表的长度必为 2 的 k 次幂。弗雷德里克森(Hal Fredricksen)给出了贪婪算法的一种巧妙变型,存储列表只需窗口长度 k 的三倍即可。下面我们讨论另一种构造方法,使"下一个符号是什么"这一问题变得更简单。

一旦考虑使用不同的构造方法,你自然会问:"具有固定窗口长度的德布鲁因序列有多少个?"如果两个德布鲁因序列只相差一次循环移位,我们就认为它们是相同的。因此,对于 $k=3$,易于检验,恰有两个德布鲁因序列:

00011101 和 11100010。

当 $k=4$ 时有 16 个。当 $k=5$ 时有 $2^{11}=2048$ 个。德布鲁因因为给出以下惊人的公式而成名:

对任意的 k，德布鲁因序列恰有 $2^{2^{k-1}-k}$ 个。

在下一节，我们将介绍有关德布鲁因序列的更进一步的内容。现在，我们已经遇到了德布鲁因序列，证明了它的存在性，给出了构造方法，并已能计算它们的个数。后面几章将说明，还有一些有用的、自然的变化形式，其存在性、构造方法与个数计算问题都尚未解决。

② 进一步的内容

圈魔术是乔丹的一个魔术的变型。1919 年,乔丹发表了一个名为"无尾果(Coluria)"的魔术,该魔术使用 32 张牌,经过反复切牌,一种颜色的排列模式揭示了所选的那张牌。在第十章,我们将介绍乔丹的令人叹为观止的故事。他是加利福尼亚州佩塔卢马的一位养鸡的农夫,发明并出售纸牌魔术。他谋生的部分手段是解题,即参加在全美国各城市举办的"不可能问题"报纸征解比赛。乔丹尽管是个多面手,但并未能完全搞定该魔术。对于一叠 32 张牌,他想知道的是六张连牌的颜色!1930 年代,魔术发明家拉尔森(William Larson)和赖特(T. Page Wright)出售一种名为"相配(Suitability)"的魔术。该魔术使用 52 张的一副牌,反复切牌并取出 3 张。观众说出所选牌的花色,表演者准确猜出牌名。可能的答案共有 $4 \times 4 \times 4 = 64$ 种,故有足够的信息来区分 52 种可能性。读者可以自行找一个合适的排列。在介绍通用圈的第四章,我们将给出一般的解法。

1960 年代,福尔斯(Karl Fulves)和迪亚科尼斯分别与化学家沃尔合作,对乔丹的思想作了改进和推广,编制出了数十个魔术。魔术师们还在继续利用它。他们将德布鲁因序列误称为"格雷码"。事实上,确实存在格雷码这种组合,它们是由 k 位数字构成的序列,每一项都是改变前一项中的一个数字得到的。例如,000,001,011,010,110,111,101,100 就是一个 $k=3$ 时的格雷码。所不同的是,格雷码并不能排列成一个连续 k 位数字只相差一个字符的序列。不同的 k 位数字串之间所相差的一个数字可以在任何位置上发生改变。格雷码是个极有用且有趣的东西,可用来模拟数字转换,计算相关性,甚至还用于爱尔兰剧作家、诗人贝克特(Samuel Beckett)的戏剧。但是,就我们所知,它还从没有用在魔术中。(现在,终于有了魔术问题!)

希望简单了解图论和德布鲁因序列的读者最好去查阅斯坦(Sherman K. Stein)的杰作。更为高级(但依然具有亲和力)的论述则由弗雷德里克森和拉斯顿(Anthony Ralston)给出。综合性的、包括本书未提及的许多话题的论述见于人们期盼已久的高德纳(Donald Knuth)的《计算机程序设计艺术》(*The Art of Computer Programming*)第 4A 卷第一部分。该书包含德布鲁因序列、格雷码及其他很多内容。关于本课题的在线百科全书可从拉斯基(Frank Ruskey)的著作中找到。

本魔术的一个漂亮玩法

在本节,我们介绍一种脱离任何列表来表演这个魔术的方法。我们还将介绍完整的表演细节。解决方案涉及用二进制来表示 0—7。

通常的记数方法是以十为基的。例如,11 等于 $1 \times 10 + 1 \times 1$,274 等于 $2 \times 100 + 7 \times 10 + 4 \times 1$。二进制数则采用 2 的幂来表示。例如,111 等于 $1 \times 4 + 1 \times 2 + 1 \times 1 = 7$,而 000 等于 $0 \times 4 + 0 \times 2 + 0 \times 1 = 0$。类似地,

$$001 = 1,$$

$$010 = 2,$$

$$011 = 3,$$

$$100 = 4,$$

$$101 = 5,$$

$$110 = 6。$$

例如,$110 = 1 \times 4 + 1 \times 2 + 0 \times 1 = 6$。二进制中的数字称为 bits(是 BInary digiTs 的简称),我们一直在处理的由 0 和 1 组成的模式称为"五位词"。我们将用右边三位数字来表示 0—7 这 8 个数,如上面所列的一样,并用左边两位数字来表示花色。若五位数为 $abcde$,我们有

$$\overbrace{a\ b}^{\text{花色}}\ \overbrace{c\ d\ e}^{\text{数值}}。$$

花色根据以下规则来编码:

$$00\ 梅花$$

$$10\ 方块$$

$$01\ 黑桃$$

$$11\ 红心$$

这里,左边的 0 表示黑色,左边的 1 表示红色。我们使用标准桥牌中的约定,将红心和黑桃作为高级花色,将方块和梅花作为低级花色。这样,第二个位置上的 1 表示高级花色,0 表示低级花色。例如,10 表示红色的低级花色,即方块。大多数使用者都只需记住这四种花色模式即可。

这种记号让我们得以将每一张牌与一个五位词对应起来,其中右边三位数字表示点数,左边两位数字表示花色。例如,00101

表示梅花 5。按这种方法，我们所采用的牌叠即可由图 2.2 给出的序列导出。由于在一副真实的牌中并不含"0"，我们用 000 表示点数 8（以 8 为模时，这一点没错）。于是，图 2.2 中的序列始于000001…。前五位（00000）表示梅花 8，接下来五位（00001）表示梅花 A，等等。

采用这样的排列自然就告诉了表演者最左边那位观众手上所持牌的点数与花色。这种排列还可以进一步设计，使得所有五张牌的点数均可知晓。为了解释这一点，我们需要引入模 2 加法运算。这实际上是"偶数加偶数等于偶数，奇数加奇数等于偶数，偶数加奇数等于奇数"这一众所周知的法则的另一种形式而已。若以 0 代替偶数，1 代替奇数，则得模 2 加法法则：

$$0 + 0 = 0,$$

$$1 + 1 = 0,$$

$$0 + 1 = 1,$$

$$1 + 0 = 1。$$

根据这些法则，从五位词的起始模式到其剩余模式，就变得很好说明。规则如下：若 $abcde$ 是一个五位词，则下一位数字等于 a 加 c 模 2。例如，01001 之后为 010010。翻译成纸牌语言，01001 就是黑桃 A。这是最左边的一张牌。左起第二张牌由五位词 10010 确定。

第一张
0 1 0 0 1 0
第二张

因此，左起第二张牌为方块 2。

根据原模式，可知第一位观众手上的牌。据此，可以计算序列中的下一位数字，从而知道第二位观众手上的牌。继续上述过程，可以确定所有各位数字。规则是：将从末尾开始的第五个数字与第三个数字相加,得到下一位数字。在 010010 中,黑体分别表示从末尾开始的第五个和第三个数字,故有 $1 + 0 = 1$。于是,下一个五位词为 00101,对应于梅花 5。根据同样的规则,可得第四张和第五张牌分别为黑桃 3 和方块 6。

按上述方式构建的序列称为"线性移位寄存器序列",这种序列广泛应用于计算机科学中。虽然在这里并不打算深入探讨这种序列的理论,但我们还是要指出一个简单的事实:一旦你理解了这个规则,就不需要再去记别的事情了。

假设你出门在外,要在一个宴会上表演纸牌魔术,但手头没有那份变魔术用的列表。很容易就能造一份出来:从任一个非零五位数字开始,如 00001。根据规则,不断扩大序列:00001001…,然后对应于序列,将牌理好。你甚至无需写出该序列。取一副牌,从中拿出 A—8 的牌。从任一张牌(比如梅花 A)开始。运用规则:下一张牌为 00010,即梅花 2。很容易继续运用上述构造方法,几分钟内就能把牌理好。你会发现,所有非零五位数都相继出现,所以除梅花 8 外,别的牌都已用到。因此,拿掉梅花 8,其他 31 张牌的排列模式与前面所说完全一致。这也就是为什么我们要用 31 张牌来表演该魔术的原因。

在本节最后,我们对不用列表的实际魔术表演方法作进一步的注释。首先,我们已经发现,通过几个小时的演练,就能够快速、准确地计算出下一张牌的点数。或许最佳的练习方法就是切牌、看顶上一张、转化为二进制、利用规则计算下一位、将最后五位转化为牌名。上述过程可以继续。

另一个方法是将手用作简单的计算机器。在表演魔术时,观察五位观众手中的红牌和黑牌的给定排列模式。我们的想法是利用规则来产生后四张牌的红黑排列模式。为了自然地完成这一步,用左手的第一和第二根手指来表示下两张牌的颜色,用右手的第一和第二根手指来表示后面两张牌的颜色,必须不假思索地完成这一切。需要赋予手指头一个明确的顺序。可以用钩指表示 0,用直指表示 1。举例如下。假设所观察到的排列模式是 01001,根据规则,下一位数字为 0。钩左手第二根手指。接下来的三位数字为 1、1、0,分别以伸直左手第一根手指、伸直右手第一根手指、钩右手第二根手指来表示。

现在,我们已经记录了 010010110,因而五张牌分别为黑桃 A、方块 2、梅花 5、黑桃 3 和方块 6。我们找到这种形式,并直接用于练习。在表演者心中进行一些明显的"计算",这可以增强效果,似乎真的有怪事发生。这是一个魔术佳例,其中的方法与魔术效果一样令人惊叹。

魔术表演提供了其他一些数学研究所不具有的便利。例如,我们能不能用整副 52 张牌来表演乔丹魔术,而只有五名观众参与其中? $2^5 = 32$ 表明,对于该问题,数学上的回答是否定的。任何颜色排列必存在一些重复的五元组。魔术上的回答则是"为什么不能?"找出 52 张牌的一种排列,其中有 32 种不同的五元组,其中的 20 种只重复一次。于是,有时你能确切地知道所有牌,有时却只能知道它是两个固定的五元组之一。另外再加一个问题就能完全确定是哪个五元组了。例如,"第一位观众,你手里有一张红牌,我想它是红心。"如果是,你就成功了;如果不是,你仍然是成功的。

本书始终都是从魔术讲到数学,又从数学回到魔术。我们已经提出了一个源自魔术的数学问题:是否存在一种简洁的方法,按要求排列 52 张牌? 我们将该问题留给有兴趣的读者。

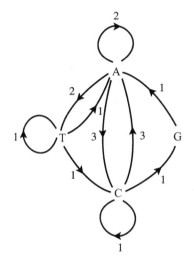

第三章

这玩意儿真的对什么都有好处吗

　　序列 0000100110101111 具有如下性质：连续的四位数组 0000，0001，0010，0100，…恰好构成所有 16 个长度为 4 的 0/1 数字串（到底后拐到前面）。这样的序列称为窗口长度为 4 的德布鲁因序列。在第二章，我们已经说明了窗口长度为 5 的德布鲁因序列如何构成了上佳的纸牌魔术的基础。本章我们将介绍德布鲁因序列及其某些变型是如何用于机器人视觉、工业密码学、DNA 碎片组合与分离、哲学以及数学本身中的。其变型回归魔术，而魔术反过来又导致新的数学问题。我们希望，这些数学问题又会导致新的应用。

1 机器人视觉

　　想象一个工业机器人在一条长廊里前后走动。它能凭感觉改变方向。一个设计上的问题是：机器人需要知道自己的当前位置。贝尔实验室的研究员辛登（Frank Sinden）想到用德布鲁因序列来表示机器人脚下的路径，而无需用难以测量的轮子旋转圈数来表示它的走向（如向左14，向右77，向左174，……）。机器人能够向下看，并报出所看到的0/1字符串（见图3.1）。

图 3.1

　　这种针对实际问题的解决方案需要用到很长的德布鲁因序列，以及通过一个在0/1排列模式与走廊里的具体位置之间来回转换的简单规则来构建该序列的方法。

　　真正的机器人视觉问题是一个二维问题。设想有一台机器人在仓库里的地面上走。为便于理解，考虑下面的阵列：

1	1	0	1
0	0	0	1
1	0	0	0
1	0	1	1

若将一个 2×2 窗口置于其左上角,则显示 $\begin{array}{|c|c|}\hline 1 & 1 \\\hline 0 & 0 \\\hline\end{array}$。沿任意方向滑动窗口,包括沿着边线(甚至顶角),你总会发现不同的排列模式。2×2 窗口 $\boxplus$ 含四格,每一格均可填入 0 或 1,故有 16 种不同的排列模式。每种模式都正好出现一次,对应于唯一的标志。因此,4×4 阵列是一个二维的德布鲁因模式。

这些思想更新近的应用源于一种被称为数码笔的产品。利用一种隐性地印有二维德布鲁因阵列的特殊纸张,这些电子笔总能知道自己在纸上的位置,因而具有许多惊人的用处。

假设你要设计一个更大的窗口。对于 3×3 窗口,有 $2^9 = 512$ 种不同的排列模式。对于 10×10 窗口,有 2^{100} 种不同的排列模式,这个数非常大。这些窗口大得难以用手工计算,需要某个系统化的方案。你可能会说:"我需要一位数学家。"啊哈,如果你随意请一位数学家,你得到的回答多半是"我不做这类乱七八糟的事"。多数数学家处理的都是类似于微积分那样的"流畅"问题,而不是像巧妙排列 0 和 1 的阵列这样的离散问题。但愿你请的数学家会建议:"你需要一位组合学家。"那就是我们(本书的两位作者)和我们的朋友。

在过去的 50 年里,很多人都曾经投来"好奇的目光",并考虑这些高维的德布鲁因阵列,它们亦称德布鲁因环面或完满地图,以多种形式出现。除了 2×2 窗口,我们也可能需要一个 3×3 或 2×3(或更一般的 $u \times v$)窗口。我们可以用红/白/蓝(或更一般的 c 种颜色)填入窗口,来代替 0 和 1。将红/白/蓝填入 2×3 窗口,共有 $3^6 = 729$ 种方式。是否存在一个 27×27 阵列,每一单元都填入红、白或蓝色,使每一个 2×3 窗口都彼此不同? 和德布鲁因序列一样,这里也有很多基本问题。给定一个阵列的大小($s \times t$),一个窗口的大小($u \times v$)和若干颜色(如 c 种),我们可以问:

- 存在德布鲁因阵列吗?

- 如果存在,能找到显明的构造方法吗?

- 这样的德布鲁因阵列有多少个?

- 是否有漂亮的构造方法(容易构造,容易找到当前位置)?

几乎所有这些问题都尚待解决。

二维德布鲁因阵列源于实际问题。对我们来说,很自然要问:"这是什么魔术?"如何将这些阵列中的一个用作魔术的基础? 我们还没有理想的答案,但是,人们对答案的寻找过程开辟了一些新的数学领域。

让我们先考察一下利用二维德布鲁因阵列来编制魔术的问题。1992 年春,本书作者们在哈佛大学讲授一门数学与魔术的课程。在课堂讨论中,学生产生了利用地图的想法,地图上标有不同国家以及富有该国特色(如滑雪场和海滩)的图片。他们想到用以下花招来消去 2×2 窗口:"这是一张秘密土地的地图。"表演者把地图铺在桌上;有一个罗盘指示东西南北方向。表演者转身背对观众说:"现在请你们一起任选一个国家,丽贝卡,请将你的手指放在所选国家上。我并不需要知道你们所选国家的名字,只是准备感受一下,告诉我这个国家北面的邻国是冷还是热。"他们看看地图,如果那里有沙滩和阳光,他们就说热;如果有雪,他们就说冷。表演者接着问:"你南面的邻国咋样? 是冷还是热? 再看看你东面的邻国,是冷还是热?"最后,他们告诉表演者西面的邻国是冷还是热。这是四个0/1型答案,相当于利用图3.2所示的窗口。

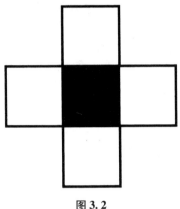

图3.2

对于图中的四个正方形,他们分别用0/1来表示其中的每一个。原则上,这些信息足以确定这个带阴影十字架的中心位置。我们兴奋不已!毕竟,这是第一个、也是唯一的一个用二维德布鲁因阵列编制的魔术。我们让学生草拟一个16个方格的实际阵列(均带有0和1),要求可以用图中所示的东西南北窗口来处理。在下一次课上,一个郁闷的研究小组报告说,他们未能找到一种有效的模式。经过反复的尝试,他们终于证明,这种模式是不可能存在的。读者能看出为什么不存在吗?我们向读者提出第二个问题:是否存在运用二维阵列设计的合理魔术?它不必是图3.2所示的模式,只要是某个真正的二维几何图形即可。

事情在另一个方向上得到了一个美满的结局。我们想到了用另外一种新的、迷人的窗户形状。即使是在一维的情形,它也是饶有趣味的。德布鲁因序列是通过连续组块的窗口滑动来定义的。设想有一把"梳子",它的阴影组块不透明,而无阴影组块则是透明的。对于图3.3所示的四块无阴影组块,你找一个长度为16的

0/1 字符串,它具有如下性质:如果图中所示的梳子置于顶上并沿字符串滑动(到底后拐到前面),则可见的 0 和 1 恰构成 16 种可见模式,每种模式只出现一次。

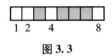

图 3.3

我们推荐该问题,并说明,关于可不可行的理论还处于起步阶段。我们并不知道梳子满足什么条件才存在解,而要计算出有几种解法,则更显得遥遥无期。库帕(Cooper)和葛立桓的一篇论文中含有一丁点这方面的知识。图 3.4 给出了一个大小为 4 的梳子,以及相应的对应于这把梳子的长度为 16 的德布鲁因圈。巴特勒(Steve Butler)的计算表明,德布鲁因圈由循环置换与交叉的 0/1 字符串唯一确定。但我们并不知道对普通的梳子来说它们总共有多少个。

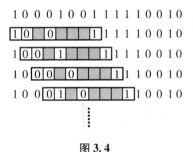

图 3.4

机器人视觉的事情列举了德布鲁因序列的一个实际应用,这引出了二维德布鲁因阵列。我们希望以此为基础来编制一种魔术,而这种愿望导致了梳子及通用形状窗口的发明。由此,又产生了大量研究问题,其中大部分尚未解决。整个事情展现了应用、娱乐与研究的大起大落的图景,典型而又激动人心。

编　　码

　　我们能用数学干什么？政府很清楚。他们雇用了成千上万的数学家去编制和破译密码。密码系统也是工业上的大事。我们的银行和信用卡交易都是经过加密的。黑客们夜以继日，设法破译这些密码。有线频道和音乐文件也常常有密码保护，你只有付费之后才能欣赏到。

　　有很多不同风格与结构的密码。一名试图发送寥寥数行信息的间谍和一名试图保护体育转播电视信号的密码设计者，他们的要求是不同的。奇怪的是，这两类密码中却出现了一个共同的主题，此即"模2加法"。

　　大体上，人们一般利用类似于表3.1所示的标准规则将明文（以英文为例）转换成0/1字符串。

　　这样，HELP就变成001000，000101，001100，010000。通常将字符串连起来，得到001000000101001100010000，作为发送的信息。现在，为了将这些信息加密，以2为模加一条干扰字符串，一次加一个字符，不带进位。于是，$0+0=0=1+1, 0+1=1+0=1$。举例说，由上面的信息及干扰字符串011010101110100110110101，我们得到：

表 3.1 转换表

A	000001	I	001001	Q	010001	Y	011001	6	110110
B	000010	J	001010	R	010010	Z	011010	7	110111
C	000011	K	001011	S	010011	0	110000	8	111000
D	000100	L	001100	T	010100	1	110001	9	111001
E	000101	M	001101	U	010101	2	110010	.	101110
F	000110	N	001110	V	010110	3	110011	,	101100
G	000111	O	001111	W	010111	4	110100	*	101010
H	001000	P	010000	X	011000	5	110101	:	111010

原始信息　　　　0010000001010011000010000

干扰字符串　　　0110101011101001101101 01

加密信息　　　　010010101011101010100101

现在,将最后的加密信息进行转换(如用莫尔斯代码或作为图片从网吧发送)。知道干扰字符串的人很容易破译信息。他或她只需将干扰字符串写在加密信息之下,以 2 为模相加即可。因 $x = 0$ 或 1 时 $x + x = 0 \pmod 2$,故可消去干扰字符串:

加密信息　　　　010010101011101010100101

干扰字符串　　　011010101110100110110101

原始信息　　　　0010000001010011000010000 = HELP

关键问题是,如果你不知道干扰字符串,你就不可能破译密码,因为加密信息中的每一个字符是 0 还是 1,仅仅取决于干扰字符串上的相应字符。

从哪里获得一个理想的干扰字符串呢?对于常规的应用,我们可以使用标准的字符串或者标准的字符串代码手册(或计算机文件)。安全的黄金标准是"一次性密码"。这是由一个真正的随机过程产生的字符串,诸如从盖革计数器光点上发射出来的噪音。发送者和接收者都有这样一份干扰字符串。这使得信息百分之百安全。一次性密码有一个问题,就是发送者必须保留一份干扰字符串。若发送者被捕并被搜查,则0和1的字符长串就成了初步的证据。我们所见过的最令人兴奋的、真正的间谍书之一是马克斯(Leo Marks)的《在丝绸与氰化物之间:一个编码者的战争,1941—1945》。马克斯是二战期间为英国人服务的顶尖编码者(和破译者)。他是敌后特工所用密码的主要设计者。他用隐形墨水将特工的一次性密码印在丝绸方巾上。每一行干扰字符串用过后,就将其剪下来烧掉。书名中提到的氰化物指的是氰化物药丸,供间谍们在被捕后面临酷刑时服用。

所有这一切和纸牌魔术有什么关系呢?答案之一是德布鲁因序列。我们可以用第二章中解释过的方法构造一个很长的0/1序列,来代替一次性密码本。假定该序列始于0000000000001。将最后一个数、倒数第三个数及倒数第六个数以2为模相加,得到下一个数。由此产生的延伸序列为11010011…,在前2^{20}(超过一百万)项之内不出现循环。我们这个序列始于0000000000001。发送者和接收者可以商定,让序列始于特定某一天的《纽约时报》头版头条开头几个词的拼写。

这个想法可用于很多变化的形式。下面是个小小的例子。从001出发,将第一个数和最后一个数相加,所得和作为下一个数,同时删除第一个数。反复进行同一程序,直到又出现001。即001→011→111→110→101→010→100。这里,我们将第八位数字0加在了最前面。最后得窗口长度为3的德布鲁因序列00011101。以此为编码,按表3.2继续做下去。

表 3.2　三字信息的加密

原始信息	干扰字符串	加密信息
000	000	000
001	011	010
011	111	100
111	110	001
110	101	011
101	010	111
010	100	110
100	001	101

原始信息栏给出了八个可能的 0/1 三元组,按德布鲁因序列的顺序排列。(我们在每一栏的顶部加上 000。)干扰字符串栏给出了后面的字符串(按德布鲁因序列的顺序排列)。加密信息栏给出了原始信息与干扰字符串以 2 为模的和。注意到,每一个 0/1 三元组作为加密信息都恰好出现一次。为了破译加密信息,查阅上表,加上相应的干扰项(以 2 为模),即可将信息复原。

这些编码(通常使用稍长一些的字符串,如长度为 5)常常以电路方式连接到计算机芯片上称为 S 盒的单元中。常常会把几种具有不同德布鲁因回路的编码连在一起,使得一则信息通过一个 S 盒之后再通过第二个 S 盒——信息正是依赖于它——然后通过第三个 S 盒,继续下去,直到输出最后一个加密字符串。通过精心选择德布鲁因序列和盒与盒之间的转换规则,这些方案就构成了一个实用算法——数据加密标准(见图 3.5)。它是由 IBM 公司和国家安全委员会的研究人员发明的。多年来,它每天都被用于各类实践活动多达几百万次。

图 3.5

这里有一个来自战壕里的密码故事。我们曾受雇于一家财富 500 强企业,设计一个二流的加密方案。难题是出口许可。当时,美国政府不允许将真正安全的密码系统(诸如数据加密标准)用于出口产品中。企业需要一个密码芯片来保护他们的特殊事件电视节目。他们只要求防止黑客入侵,不需要防止国家安全局所有计算机所受到的复杂的、高水平的攻击。我们竭尽全力,设计了一个带有 16 个 S 盒的复杂方案,每个盒子都含有线性德布鲁因序列。为了获得出口许可,我们不得不让政府间谍部门的一个分支机构来检测我们的芯片。我们通过了检测,这表明我们的方案并不真正完美。之后,开始生产。看到数以千计插入式芯片采用的是自己在草稿纸上设计出来的方案,我们感到异样的兴奋。公司销售了一些产品,不久,数据加密标准被允许用于出口产品,我们的密码系统也就退出舞台了。

密码术如今是一个重要的大问题。每一家美国公司都有自己的专家,诸如 RSA(以计算机科学家利维斯(Ron Rivest)、沙米尔

（Adi Shamir）和阿德勒曼（Len Adleman）的姓氏命名）这样的密码公司，每年进账数百万美元。一切都归结为 0 和 1，以及我们上面介绍过的方案。

3 存在之核心

DNA 是由四种符号（A，C，T，G）构成的序列，如 AACTCCAG-TATGGC…。隐藏在 DNA 字符串中的模式可用于确认罪犯、确定血缘、了解疾病、构建疗法。它是很重要的东西。

DNA 样本易于从发屑、唾液、精液或骨片中得到。很难读取相关的字符串。我们的故事就从这里开始。最终，我们的纸牌魔术背后的数学原理构成了一种很有前景的 DNA 读取技术的基础。

图 3.6 是一个测序芯片。这是一个 8×8 阵列，从 AAA 到 TTT，$4 \times 4 \times 4 = 64$ 种模式中的每一种都有自己的位置。

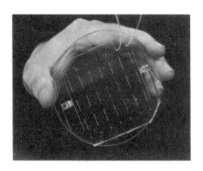

图 3.6

一个待测序的 DNA 链与阵列交互作用，DNA 链上所出现的每一个连续的三元组都在阵列中突出显示。图 3.7 给出的是

AACTCCAGTATGGC 的突出显示方式。问题是,给定突出显示部分,会出现什么字符串?

AAA	ACA	AGA	ATA	AAC	ACC	AGC	ATC
AAG	ACG	AGG	ATG	AAT	ACT	AGT	ATT
CAA	CCA	CGA	CTA	CAC	CCC	CGC	CTC
CAG	CCG	CGG	CTG	CAT	CCT	CGT	CTT
GAA	GCA	GGA	GTA	GAC	GCC	GGC	GTC
GAG	GCG	GGG	GTG	GAT	GCT	GGT	GTT
TAA	TCA	TGA	TTA	TAC	TCC	TGC	TTC
TAG	TCG	TGG	TTG	TAT	TCT	TGT	TTT

图 3.7

　　尽管有很多限制条件(下面会介绍其中的一些),但我们仍然可以使用共同的三元组构造德布鲁因图,以此攻克该难题。图的顶点为从 AA 到 TT 的 16 个二元组。若有一个突出显示的三元组,则从它的前两个字母到后两个字母画一条边。例如,因为 AAC 属于突出显示部分,故图中从 AA 到 AC 有一条边。整个图见图 3.8。

　　这看上去好像一团糟。为了重构该序列,我们需要对欧拉定理作一点小小的改变。第二章中所讨论的问题给出了圈(正好经过每条边一次,并辗转回到起点的路径)的充要条件。对于排序问题而言,起点和终点不一定要相同。该定理说,当且仅当每一个顶点的入次数等于出次数时[$\mathrm{out}(x) - \mathrm{in}(x) = 1$ 和 $\mathrm{out}(y) - \mathrm{in}(y) = -1$ 的顶点除外],从 x 出发到 y 结束的一系列点构成一个图。(如前所说,从任一顶点出发,总可以沿某条路径到达其他任一顶点。)由图 3.8 可见,顶点 AA 的入次数为 1,出次数为 2,故 $\mathrm{out}(\mathrm{AA}) - \mathrm{in}(\mathrm{AA}) = 1$。另外,$\mathrm{out}(\mathrm{GC}) - \mathrm{in}(\mathrm{GC}) = 0 - 1 = -1$。除此之外,其

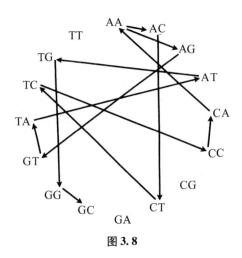

图 3.8

他顶点的出次数都等于入次数。由欧拉定理可知,有一个从 AA 到 GC 的序列,可完成一切所需的转换。此外,从规定的起点 AA 出发,选择任何可用的箭头,我们也能找到这个序列。每个箭头用过后擦掉。若有好几个箭头,则选择其中的任意一个。定理表明,我们永远不会被卡住,最终,我们会得到一条始于 AA、终于 GC、带有匹配的转换箭头的路径。严格地说,该过程亦可能产生圈,但这些圈很容易并入最后的路径。

上面给出的例子很简单。对于更长的序列,可能会有好几种不同的与可用数据相匹配的重构方法。为了解释我们的思想,我们略去了聚焦中的误差问题以及别的一些问题。这一思想乃是一个名叫欧拉算法的复杂算法的基础,该算法采用更复杂的"猎枪"数据来操作。这里,先对简单的 DNA 链进行复制,得到许多精确的复制品。(用连锁反应易于完成这一点。)然后,通过一个巧妙的化学过程,将这些复制品剪成碎片。在例子 AACTCCAGTATGGC 中,将产生诸如 AACT,AA,AACTC 之类的碎片,每一个碎片都多次重复。不幸的是,该过程也产生了各个"相反"碎片的复制品,这些相反碎片是由原碎片中 A 和 T、C 和 G、G 和 C、T 和 A 互换之后得到的。例如，AACT 的相反碎片就是 TTGA。面对这一堆比邻的碎片及其相反碎片，我们的问题就是要将原来的字符串整合起来。能够完成这一点，真是令人惊叹。要在嘈杂的环境中有效地完成这件事，德布鲁因图就应运而生了。为了避免离题太远，我们就不再进一步给出细节了。

离开本话题之前，不能不说说我们的一个发明：德布鲁因序列在帮助理解 DNA 方面的一个应用，一开始源于对一个哲学问题的回答。让我们从那个 DNA 的应用开始。大家都听说过诸如"我们的 DNA 序列有 98% 与老鼠的 DNA 序列相同"等说法。由此产生了两个 DNA 字符串之间距离的观念。若 $x = \text{AACGCTT}\cdots$，$y = \text{AATCTTG}\cdots$ 是两个 DNA 字符串，则有许多不同的距离 $d(x, y)$ 用来度量 x 和 y 的相似程度。这些距离用来对齐序列，度量其相似程度（人与黑猩猩的相似程度超过与猿猴的相似程度吗？），以及在庞大的序列数据库中找到与新 DNA 链最匹配的序列。距离常常基于从 x 变换到 y 所需的最小步数。允许的变换包括插入和删除字符，以及将序列的一部分逆转。例如，

$$d(\text{AAT}, \text{AAGT}) = 1,$$因为只插入了一个字符 G。

有用距离的构建还涉及更多的思想。由于无关本书宗旨，我们在此不作详细介绍。现在，假设我们选择了一个距离 d，以及两个固定的字符串 x 和 y。算得 $d(x, y) = 137$。问题是："那么情况如何？这个距离是大还是小？"一个广泛采用的回答涉及"扭动"x 或 y，以得到相关（但又是随机的）序列的比较集。为说明其中的思想，考虑序列

$$x = \text{AACATTACAATCACCGA}。$$

为 x 构造一个过渡阵列,记录每一个可能的字母对出现的频数。对于上述序列,我们有:

	A	C	T	G
A	2	3	2	0
C	3	1	0	1
G	1	0	0	0
T	1	1	1	0

A 行 A 列的值为 2,因为 AA 在序列中出现了两次。

但是,许多不同的字符串也有这样的过渡阵列,如字符串

AATTACACCGAATCACA。问题是如何用一个匹配过渡阵列来(反复)选择随机字符串。这些随机字符串用来校准原来的距离。如果你了解了德布鲁因图,那么这事就很容易了。构想很简单。给定阵列,以 A,C,T,G 为顶点,从一个顶点到另一个顶点画箭头,并标出相应的权重,权重与过渡阵列中的数值相等,从而构造出一个德布鲁因图。本例中的德布鲁因图见图 3.9。

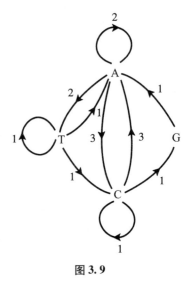

图 3.9

要生成一个从 A 开始的随机字符串,只需选一个从 A 出发的箭头,沿着该箭头走,并从边上的权重中删去 1,记下 A 以及下一个你到达的符号。以同样的方法继续下去,每次记下所经过的顶点。有一点需注意:并非所有具有同一过渡阵列的序列都始于同一符

号。德布鲁因序列在 DNA 上还有许多别的应用,限于篇幅,这里不作讨论。

这个例子清晰地将 DNA 分析与纸牌魔术(通过德布鲁因图)联系了起来。但它与哲学有何关联,你很可能还不太清楚。这两者是通过有关马尔科夫链的德菲尼提(de Finetti)定理联系起来的。简言之,为从主观概率的角度来诠释诸如"掷一枚无明显偏差的硬币"这样的古典概率命题,德菲尼提创造了可交换性对称的概念。有了这个概念,他就可以讨论对称事件,而无需提及诸如"掷一枚无明显偏差的硬币"这样的不可见事物。然后,他证明,他的对称配置可表示为有明显偏差硬币的混合物。混合物的权重被贝叶斯(Bayes)和拉普拉斯(Laplace)称为"先验分布"。为了将德菲尼提的概念从可交换性推广到部分可交换性(为给出马尔科夫链的一个主观性诠释,需要用到后者),我们得理解具有给定过渡阵列功能的随机字符串。如果你熟悉德布鲁因序列,那么这就是一个很亲和的问题,可以给出一个完整的解法。

理解了德菲尼提定理,我们就可以用另一种方式回到生物学上来了。一群研究蛋白质折叠的化学家需要将一个巨大动力系统的物理结构离散化。他们希望这种离散化能够反映出普通力学的时间可逆性。联合了洛勒斯(Silke Rollers)的工作后,产生了"可逆马尔科夫链的先验分布"的结果。为检验其有效性,需要推广到更高阶的可逆链。德布鲁因图在这里起了关键的作用。

从纸牌魔术到 DNA,再到哲学,最后到蛋白质折叠,对于一种思想而言,跨度真的很大。然而,我们要说明,这一数学思想还有许多别的用途。我们的最后一节,具有完全不同的味道。

德布鲁因的玩意儿真酷，但它能让你找到工作吗

组合学有时候看上去像是一门解趣题、猜谜语的学问。它可以很巧妙，但有时候似乎并不像是"真正的数学"。德布鲁因序列恰是一个完美的例子。你真的能从思考这样的问题中获得报酬吗？如果能，你思考的会是哪种问题？

图 3.10

关于这类思考的一个概要，最近出现在异国他乡——加拿大落基山脉的班夫度假胜地。班夫国际研究站（如图 3.10）是一个数学研究所，他们主办了为期一周的专题会议。

在 2004 年 12 月 4 日至 9 日这一周，他们研讨了"德布鲁因序列和格雷码的推广"。会议吸引了来自世界各地的大约 25 名研究者。麦凯（Brendan McKay）来自澳大利亚，他是杰出的组合学家，因明确揭示了

所谓的圣经密码(声称旧约中隐藏着密码,能用来预测未来)而在数学领域之外享有盛誉。在这特别的一周里,他在研究德布鲁因序列。莫雷诺(Eduardo Moreno)来自智利,他任教于一家研究所,该研究所以开发和应用德布鲁因序列作为其主要使命。约翰森(Robert Johnson)是一位新科博士,他来自英国。

与会的有我们最喜爱的该主题的世界顶级专家——弗雷德里克森,他任教于海军研究生院,其博士论文做的就是德布鲁因序列,并在该领域耕耘了 35 年多。来自维多利亚大学的拉斯基,在其网站上有世界上最好的构造各种德布鲁因序列和格雷码的程序。来自北卡罗来纳州立大学的萨瓦吉(Carla Savage)是一位复杂非标准构造方法的专家,其方法之巧妙令人叹为观止。与会的还有各层次的学生——有些才刚刚入门,但已修读过令他们感兴趣的课程。门外汉或新手也能真正做出贡献,乃是该领域的一个特征。来自亚利桑那州立大学的胡尔贝特(Glenn Hurlbert)最近刚刚完成了有关广义德布鲁因序列的十分漂亮的博士论文。

这样一个会议有些什么内容? 这里有亲切友好、循循善诱、深入浅出的讲座,旨在让新手快速入门,并确保大家意见一致。有人报告了他们的新结果,或大或小。我们报告了纸牌魔术,并讨论了通用圈的一些变型(下一章介绍)。大家谈论着未解决的研究问题("我坚持这一点"或者"我确信这是成立的,但还不能给出证明")。很多时间花在小组讨论上,大家慢慢重温特殊情形,彼此提一些"愚蠢的问题",若在大组里问这样的问题,可能会难为情(图3.11 为班夫与会者合影)。

一个最引人注目的新结果是约翰森对大名鼎鼎的"中间层"问题的解法。要解释这个问题,我们得引进哈密顿圈的概念——图

图 3.11

中的路径经过每个顶点,且只经过一次——来强化欧拉回路(图中的路径经过每条边,且只经过一次)。这些哈密顿圈用起来要比欧拉回路复杂得多。实际上,如果你能找到一种快捷的方法来判别某个一般的图是否含有一个哈密顿圈,那么这真的能改变世界。一个直接的结果是,成千上万个其他问题将立即迎刃而解。现在,甚至还设立了一百万美元的奖金来悬赏该问题的解。

唉,我们常常得为纸牌魔术寻找哈密顿圈(见下一章)。幸运的是,这些都是"优美整洁的图"而非"一般的乱七八糟的图",所以我们常常能够成功。以下是约翰森所解决的问题。取奇数 n,假设它有 $2r+1$ 的形式,如 3、5 或 1 711 584 141。我们先取 $n=3$(此时 $r=1$)。考虑集合 $\{1,2,3,\cdots,n\}$,则本例中对应的集合为 $\{1,2,3\}$。构造一个图,使其顶点为集合 $\{1,2,3,\cdots,n\}$ 的 r 元或 $r+1$ 元的子集。$n=3$ 时,$r=1$ 元的子集有 $\{1\}$,$\{2\}$ 和 $\{3\}$;$r+1=2$ 元的子集有 $\{1,2\}$,$\{1,3\}$ 和 $\{2,3\}$。将它们放在一起,我们的图形如

图 3.12。在该图中，若从二元子集中去掉一个元素可以得到一元子集，那么就在它们之间连一条边。

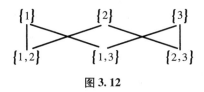

图 3.12

我们的问题/难点/猜想就是，在集合 $\{1,2,3,\cdots,n\}$ 的 r 元子集和 $r+1$ 元子集的图（若 r 元子集是从 $r+1$ 元子集中去掉一个元素后得到的，则在它们之间连一条边）中，确定是否存在一个哈密顿圈。在上面 $r=1$ 的例子中，我们找到圈

$$\{1\}\{1,3\}\{3\}\{2,3\}\{2\}\{1,2\}\{1\}。$$

这个圈经过每一个非起点的顶点仅一次（当然，起点也就是终点）。对于 $n=5$（$r=2$），相应的图如图 3.13 所示。你能从中找出一个哈密顿圈吗？确实有一个（实际上有很多）。通过手工和计算机的检验表明，这一猜想对于不超过 29 的 n 都是成立的。当 n = 29 时，这种中间层的图有 155 117 520 个顶点和 1 163 381 400 条边，这就使得用手工来检验可能的哈密顿圈变得很难。然而，直到今天，尚未有人能证明，对任意 n，这种中间层的图都存在一个哈密顿圈。当然，约翰森（目前）也未能证明它。他所做的只是让你相信该猜想几乎成立。他找到了一种对所有奇数 n 都适用的构造方法，构建了一条通过几乎所有顶点的路径，只有微乎其微的顶点除外。

{1,2} {1,3} {1,4} {1,5} {2,3} {2,4} {2,5} {3,4} {3,5} {4,5}

{1,2,3} {1,2,4} {1,2,5} {1,3,4} {1,3,5} {1,4,5} {2,3,4} {2,3,5} {2,4,5} {3,4,5}

图 3.13

这个问题表述起来很简单,我们大多数与会者都曾尝试过。另外,该问题已存在 50 多年,很多著名的组合学家都曾探求过它,但收效甚微。现在出现了一位初生牛犊不怕虎的后生,距打破世界纪录仅一步之遥,确实是激动人心的。约翰森的结果引入了新的思想和技术,这些思想和技术对于别的图圈问题也必然是有帮助的。在他作报告期间,我们感觉到自己的头脑在飞速运转。随着他的讲解,听众对于他的新思想形成了自己的脑图,于是,大家让他讲慢一些。这对他来说,也一定是激动人心的。他的听众在意他的观点,并希望跟着做。这真是美妙的一个小时。

会议高潮迭起。杰克森和胡尔贝特在我们的一个旧猜想中取得了进展(下一章将会介绍)。很多新猜想被提了出来(有些很快就被解决了),一些猜想后来被解决了。最主要的是,我们找到了共同组织;我们中的大多数人都是各自领域里唯一的组合学家,各自为政。看到其他人也觉得这个小小的领域漂亮而重要,我们所有人都留下了深刻印象。作为记录与后续行动,《离散数学》杂志有一期专门收集了我们所取得的进展和待解决的问题。

你能以组合学为生吗?你可以打赌你能——而且一路上也充满乐趣。

第四章

通 用 圈

　　我们已将德布鲁因序列用于魔术，并展示了如何用它们来为间谍或为分析 DNA 序列而编制和破译密码。魔术的视角又衍生出了各种新形式，有些导致了惊人的新魔术，有些则导致了在本世纪余下时间里都具有挑战性的数学问题。下面的内容开始和前几章类似，但具有不同的信息来源。

1 顺序问题

我们从下面的魔术开始,该魔术是我们和化学家、魔术师沃尔共同发明的,以前还从未揭秘过。它表演起来是这样的。表演者将装有一副 52 张牌的盒子抛给一名观众。他/她再将其抛给另一名观众,这样一直传下去,直到整副牌最后传到一名大家都认可的随机选定的观众手里。这名观众取出牌,切一次牌后,将其传给邻座观众,这名观众也切一次牌。一直传到第五位观众,切好牌,并取下最上面的一张。然后将牌交回到第四位观众,也取下最上面一张。这样一直回传,直到第一位观众取下最上面一张牌。表演者指出,牌离他很远,谁都无法知道被拿掉的是哪五张牌。表演者接着说:"请各位看看你们手里的牌,并记住它。拜托啦!你们做得很出色,可我的脑袋却一片混乱。烦请拿到最大的牌(A 最大,2 最小)的人走到前面来。"其中一名观众走上前来。表演者看起来很开心,迅速在便签本上作了记录。"请拿到第二大的牌的人走到前面来,然后,哪位手里是第三大的牌?"现在停止提问,表演者说出站到前面来的三位观众手里的牌,然后说出余下两位观众手里的牌。

这也是一个我们曾在现场表演过的魔术。它的效果甚佳,似乎真的骗过了观众——尤其是别的魔术师。人们似乎不会认为,看似无关的说辞和交流提供了足够的信息,让表演者能够说出所有的五张牌。

这里有多少信息呢?问题的回答有多少种可能的方式呢?有五名观众,从任意切过的一副牌中取出连续的五张牌。他们中的任何一个人都可能拿到最大的牌,因此,第一个问题就有五种可能的回答。余下四位观众中的任意一位都可能拿到第二大的牌(四种可能的回答),到第三位观众出现有三种可能的回答。因此,总共有 $5 \times 4 \times 3 = 60$ 种可能的回答。这个信息用于确定牌叠切在五十二个位置中的哪一个已是绰绰有余。

当然,牌叠是事先安排好的,表演者知道牌序,并且不会有重复的情况。这样的排列确保每五张连续的牌中具有唯一的"最大、次大和第三"的特征。这样一种排列可能存在吗?在教数学和魔术时,我们让学生去找一副普通牌的满足上述特征的排列。尽管并不容易,但他们通常在一个小时或更短时间内就能完成。我们将它作为一个有用的练习推荐给读者。最近,好几个学生用计算机解决了该问题。有一位名叫斯台普尔(Aaron Staple)的学生告诉我们说:"这很容易。我只随机试了几千次,就找到好几种排列。"我们都大吃一惊。

让我们来解释,(a)为什么上述发现会让我们吃惊;(b)由此如何产生完全未知的领域。先考虑第二和第三章中所讨论的 0/1 德布鲁因序列的可能性。假设取 32 张牌,其中 16 张是红的,16 张是黑的,任意洗牌,看所得排列是否德布鲁因序列。我们成功的机会是多大?32 张牌的可能排列数为

$$32! = 32 \times 31 \times 30 \times \cdots \times 2 \times 1$$

$$= 263\,130\,836\,933\,693\,530\,167\,218\,012\,160\,000\,000。$$

由前面的讨论可知,这里有 $32 \times 2^{2^{5-1}-5} = 2^{2^4} = 2^{16}$ 种不同的德布鲁因序列。对每一种序列可以有 $16! \times 16!$ 种方法来赋值。总之,任意洗过的 32 张牌构成一个德布鲁因序列的概率为

$$\frac{16! \times 16! \times 2^{16}}{32!} \approx \frac{1}{9200}。$$

因此,大约要试 9200 次,我们才有望找到一个德布鲁因序列;试 100 万次可以得到 100 多个不同的德布鲁因序列。

这是计算机改变我们思维方式的精彩例子。以前,要做 100 万次左右的试验,简直是无法想象的。如今,事情变得稀松平常,一个熟练的学生能够写出数行代码,并在半小时或更短时间内就搞定。然而,数学研究(即找出德布鲁因序列的结构)还是要花上好几年。

另一方面,"随意试"策略对于更长的序列就不管用了。对于宽度为 k 的窗口以及 2^k 张牌,任意洗牌得到德布鲁因序列的概率为

$$\frac{2^{2^{k-1}}(2^{k-1}!)^2}{2^k!}。$$

很难估算出这个数有多大。然而,利用斯特林(Stirling)关于 $n!$ 的近似公式,可以证明它近似等于

$$\frac{\sqrt{\pi 2^{k-1}}}{2^{2^{k-1}}}。$$

该数迅速趋于零。如上所论,当 $k = 5$ 时,任意洗牌得到德布鲁因序列的概率约为 9200 分之一。这并非不可能发生,事实上,我们的一个学生编了一个程序来找 $k = 5$ 时的随机德布鲁因序列,结果找到好几百个。然而,随着 k 的增大,可能性迅速减小。$k = 6$ 时,概率约为 400 000 000 分之一(勉强还算是可能发生的)。$k = 7$ 时,概

率小于 10^{18} 分之一,这使计算不可实行。当然,如果采用的算法运用了某种技巧,而不仅仅是盲目寻找,那么可能性就会大大提高。然而,对任一德布鲁因序列,第二章最后一节所解释的移位—寄存方法并没有简单的编码方案。因此,对数学来说仍然有大量用武之地。

让我们回到"最大、次大和第三"纸牌魔术。既然随机的计算机搜索都能找到一些例子,那么肯定会有很多的例子。本书并没有对总共存在多少解作出估计,实际上根本就没感觉。研究 0/1 德布鲁因序列的经验表明,有某个理论是很有用的。

魔法数学
——大魔术的数学灵魂

让我们回到本章开头所提到的内容,并考虑这些有序德布鲁因序列的最简洁的形式。我们的问题是: k 个不同元素共有 $k! = k(k-1)(k-2)\times\cdots\times2\times1$ 种排列方式。例如,3 个不同元素有 $3! = 3\times2\times1 = 6$ 种排列方式。它们是:

$$123 \quad 132 \quad 213 \quad 231 \quad 312 \quad 321。$$

是否存在数 1,2,3,4,5,6 的一种排列,满足考虑连续的三元数组时(到底后拐到前面),每一组的大小顺序(大、中、小)各不相同? 以下排列满足上述条件:

$$1 \quad 4 \quad 6 \quad 2 \quad 5 \quad 3$$

第一组数 146 的顺序是小、中、大(简写为 LMH),下一组 462 的顺序为 MHL。然后是 HLM,LHM,到底后拐到前面,出现 HML,MLH。读者能否找到数 1,2,3,$\cdots$,24 的一种排列,使得连续四元数组的大小顺序各不相同?

在试验性地寻找过三元组、四元组、五元组的序列(最后一种情形需要 $5! = 5\times4\times3\times2\times1 = 120$ 张牌)之后,我们确信,这样的"有序"序列总是存在的。于是,这问题就成了一个数学问题。我们请数学家金芳蓉来研究这个课题,她最后证明,它们确实总是存在。我们的证明很难(需要解决哈密顿圈问题)。此外,我们的证明并非真正构造性的;我们不能给出一个简单的构造方法,我们只知道,至少有一种方案可以满足要求。这就解决了问题清单中的第一个问题。余下的问题是寻找有用的构造方法,估计或精确计算出有多少种解法,以及寻找可逆的构造方法(指两件事——第一,已知长度为 k 的排列模式,求它在长序列中的具体位置;第二,已知长序列中的某个位置,求从该位置出发有什么排列模式)。k 个元素的排列是已被充分研究的数学对象,因此,这些问题一定有漂亮的解答。0/1 德布鲁因序列的成功运用给我们带来了希望,这些新的有序序列将在魔术以外的广大领域找到用途。

现在,我们再谈谈三种变型:实际的扑克牌、重复值问题和乘积问题,以继续我们的"顺序问题"研究。每一种变型都具有类似的挑战性(也提供了类似的研究机会)。

在正常的一副牌中,各个值都是重复出现的。有 4 个 A,4 个 2,等等。本章开头所提到的纸牌魔术的任何一种解法都必须处理这个问题。例如,考虑由 5 张 1、5 张 2、5 张 3、5 张 4、4 张 5 组成的 24 张牌。若将它们按以下次序进行排列:

$$12341253415321453241325 4,$$

则每一个四元数组都具有不同的顺序。可以证明,若 1,2,3,4 各有 6 张,就不存在这样的排列。

已知数组的大小为 k,将 $k!$ 张牌进行排序,使得每一组 k 张牌的大小顺序组合都各不相同,那么,不同点数的最小个数是多少?我们以前的一个猜想是,这个最小的个数为 $k+1$。我们设立了 100 美元奖金,以奖励证明(或否证)这个猜想的人。很高兴地告诉你,约翰森在一篇漂亮的论文中已经给出了这个问题的证明。下一个挑战是在该结论的基础上,设计出一个漂亮的魔术来。

上面是通过回避的方式来处理重复数值的情形,确保每一个连续数组都具有不同的值。另一种方法是直接利用重复数值。再次设想我们在玩纸牌魔术。切牌之后,观众依次取牌。表演者问:"请各位拿到最大点数牌的人都站起来好吗?"于是,可能有一人或几人站起来。然后是让拿到次大点数牌的人站起来,等等。由此产生了可重复排列的主题。考虑三个符号 1、2 和 3。虽然只有 6 种不同值的排列方式,但如果允许重复,排列数则增加到 13:

111、112、121、211、122、212、221、123、132、213、231、312、321。

这里,111 和 222 或 333 的情况一样,因为所有数值都是相同的。倘若每一个持有最大点数牌的人都站起来,那么三个人都站起来时,没有什么能对他们进行进一步的区分。

也许你会问,我们能否找得到 13 张牌的一种排列,使得每连续三张牌包含了所有的可重复排列?答案是可以:

$$5\ 5\ 5\ 4\ 5\ 1\ 3\ 2\ 2\ 3\ 2\ 1\ 4。$$

k 个元素的可重复排列数是多少?记该数为 $G(k)$,则有 $G(2)=3$,$G(3)=13$,$G(4)=75$,$G(5)=541$,数值快速增大。我们能否找到通常的一副 52 张牌的一种排列,使得每连续 4 张牌包含不同的(可重复)排列?我们不能确定(但我们怀疑答案是可以)。所有有序序列情形下的待解问题对于可重复排列也是待解的。我们也很想帮着描述这些问题。我们曾试图描绘过"系领带者问题"或"站在泰国人旁边者问题",但收效甚微。

最后,我们要将"顺序问题"用于实际纸牌魔术。这也带来了许多数学上的挑战。我们将要讨论的话题称为乘积问题,但会把它作为实际纸牌魔术进行解释。抛出一副牌,多次切牌,三人依次取牌。表演者使用以下说辞:"好好看看你们各自手上的牌,做得很漂亮,不过我得到的信息中夹杂了太多的意象。让我们来看看,你们能否重新排个序,持有最大的牌的人站在左边,持有最小的牌的人站在右边? 多谢。很好。请集中注意力。嗯,还是有一点乱。我看红牌比看黑牌清楚。能请持有红牌的人走到前面来吗?"现在,表演者"看清"并说出了三人手里的牌。

三位参与者共有六种可能的重排方式,而红/黑排列模式可以有八种重排方式。因此,理论上共有 $6 \times 8 = 48$ 种答案。假设从一副牌中取出四张 K。我们能否对余下的 48 张牌进行排列,使每连续三张牌均给出不同答案? 对于上面(或下面)的排列模式的组合,会产生类似的问题。乘积理论还处在起步阶段,但我们可以证明,总能找到任何一种德布鲁因序列(如 0/1,或红/白/蓝)的乘积。我们的两位大一学生,给出了 48 张牌魔术问题的一种解法,见表 4.1。

表 4.1 "重复切,自己排序,所有红牌向前"情形中的序列

（由杜汉（Matt Duhan）和拉波波特（Rebecca Rapoport）给出）

红心 A	000	123	方块 8	000	231	方块 2	000	132
红心 6	001	231	方块 J	001	312	方块 Q	001	321
红心 Q	010	312	红心 3	010	123	红心 8	010	213
梅花 3	101	123	黑桃 9	101	231	黑桃 3	101	132
方块 7	011	231	方块 10	011	312	红心 J	011	321
黑桃 8	111	312	黑桃 A	111	132	黑桃 4	111	213
梅花 4	110	123	梅花 7	110	213	黑桃 2	110	132
黑桃 6	100	231	黑桃 5	100	132	梅花 6	100	321
方块 9	000	312	红心 10	000	321	方块 5	000	213
红心 2	001	123	红心 9	001	213	红心 4	001	132
红心 5	010	231	方块 A	010	132	红心 7	010	321
黑桃 J	101	312	梅花 10	101	321	梅花 5	101	213
方块 4	011	123	方块 6	011	213	方块 3	011	132
黑桃 10	111	231	梅花 A	111	123	梅花 Q	111	321
黑桃 Q	110	312	梅花 8	110	231	梅花 9	110	321
梅花 2	100	123	梅花 J	100	213	黑桃 7	100	312

注：第一列表示牌序,第二列和第三列表示牌切到最上面时牌的颜色和顺序
的排列模式。

❷ 默 读 的 效 果

基于乘积思想的最简单的（或许也是最好的）魔术是由罗纳德·沃尔开发出来的。以下是简短的介绍。如上所述，将通常的一副 52 张牌传给观众。邀请三位观众，每人切牌一次，再依次取一张牌。表演者对第一位观众说："作为热身，我将对你做个简单的测试。请告诉我你手上那张牌的点数，但不要说出它的花色。它必定是四种可能之一，但我们彼此是不知道的。"这位观众回答说："我的牌是 8。"表演者回答道："握紧了。我要立即和你们三人合作，就像一名国际象棋高手。"然后，对第二位观众说："请告诉我你手上那张牌的花色，但不要说出它的点数。这是个 13 种可能之一的问题。"第二位观众回答："我的牌是红心"。再对第三位观众说："我把最难的问题留到最后。我不要你告诉我任何信息，你只要专注于你的牌。"

表演者继续说："第一位观众，你选了一张 8。身体尽量不要有反应。它有四种可能——梅花、红心、黑桃或方块；我说'梅花'时，你动了一下。我想你拿的就是梅花 8。"这位观众出示手里的牌，证明表演者说的是正确的。然后，表演者对第二位观众说："我知道你手里的是红心（如果你原谅这样的表达！），但到底是哪一张呢？

大的,中的,还是小的?是人头牌还是点数牌?是偶数还是奇数?啊哈,我明白了,是红心 K。"这位观众举牌,证明表演者猜得对。最后,经过类似的打趣后,表演者没有再问问题,就正确说出第三位观众手中的牌——"它是黑桃 3。"

何以成功

本魔术的原理非常简单。首先,第一位观众可以给出 13 种答案之一,第二位观众可以给出 4 种答案之一,13 × 4 = 52,故有足够的信息知道牌所切的位置。将一副牌排成经典的"8K"顺序,其谐音可编成歌谣:"八个国王威胁说要为一个生病的无赖去拯救九十五个王后"(Eight kings threatened to save ninety-five queens for one sick knave)。此即 8, K, 3, 10, 2, 7, 9, 5, Q, 4, 1, 6, J。花色按"CHaSeD"的顺序排列:梅花(clubs)、红心(hearts)、黑桃(spades)、方块(diamonds),循环往复。这就确定了 52 张牌的一种很好记的顺序,梅花 8 在最上面,梅花 J 在第 13 位,红心 8 在第 14 位,等等,方块 J 在最底下。

与前面各种版本相反,这一次很容易操作。第一位观众告诉你一个点数(这里是 8),第二位观众告诉你一种花色(这里是红心)。既然梅花总是位于红心之前(按 CHaSeD 的顺序),你就知道,第一位观众手里拿的是梅花 8。由于 8 后面总是 K,因此,第二位观众手里拿的必为红心 K,而第三位观众手里拿的必为黑桃 3。

你可以使用任一重复的循环顺序。另一个经典例子是"Si Stebbins"顺序。其中,每一个值都是由它前面一个值加 3 取模 13 得到。例如,从 1 开始,各值依次为 1, 4, 7, 10, K, 3, 6, 9, Q, 2, 5, 8, J,循环往复,周而复始。你可以利用任意记得住的顺序,无论是循环的或者不循环的。该魔术由沃尔于 1960 年代发明,当时,我们正在研究乔丹的"无尾果"魔术的变型。因为循环叠排早在 1600 年以前就已为人熟知，且最终也不需要用到数学，所以它很可能在更早的时候就发明了。这显示了数学思维的力量。棒极了，罗纳德！

3 回到通用圈

最后,我们来解释一下本章的标题。给定任一自然组合对象的清单,如0/1 字符串或排列,我们可以找到一个长(循环)序列和一个长度为 k 的群,使得序列中的每个连续的 k 元组都对应于我们清单中唯一的一个对象。这个长序列称为通用圈(简称 U 圈)。组合学领域充满着有趣的对象。为其中的任何对象找一个通用圈,产生的问题就浩如烟海。当然,经过精心设计的尝试,相关的魔术可以率先登场。通过实际操作,可以对其作出改进,并找到一个可以表演的版本。

继乔丹的"无尾果"魔术(第二章作过介绍)之后,律师拉尔森和业余爱好者赖特引入了"相配"魔术。在该魔术中,一副 52 张牌反复切牌,三人依次取牌,每人只说出他手里的牌的花色(如梅花、红心、黑桃或方块)。这样,共有 $4 \times 4 \times 4 = 64$ 种可能的答案。故表演者可以知道所有三张牌的名字。这需要一个长度为 52 的 C、H、S、D 序列,其中每三张连牌均具有不同的排列模式。计算机专家埃尔姆斯利(Alex Elmsley)销售过一种叫做"动物 – 蔬菜 – 矿物"的版本。该魔术中,有一叠画有各种不同对象图案的 27 张牌,任意切,三人依次取牌,然后玩一个有二十个问题的游戏。表演者依次问三位观众手里的牌是"动物,蔬菜还是矿物。"他们所给的信息揭示了所有三张牌的信息。在最后一章中,我们将介绍埃尔姆斯利的更多信息。

按本章的标准看,这些变型很平常。下面我们为大家介绍一个令人愉悦的有趣问题。所涉及的对象称为贝尔数,记为 $B(n)$。这个数等于 n 个不同元素的分组方式的种数。例如 $B(3)=5$,因为 A,B,C 三个元素可分成以下 5 种方式。

{A,B,C}	{A}{B,C}	{B}{A,C}	{C}{A,B}	{A}{B}{C}
全体	A 分开	B 分开	C 分开	全分开

这里,不计组内和组间顺序,故{A}{B,C}和{A}{C,B}或{B,C}{A}都是相同的,只是分组的方式问题。若读者能验证一下 $B(4)=15$,就能理解得更清楚了。

多年来,我们一直对数值巧合 $B(5)=52$ 感兴趣。我们相视而问:"这里能有什么魔术?"经过多年的(说真的,也是断断续续的)思考,我们终于从中发现了一个魔术。在阅读我们想出的东西之前,你不妨自己想一个出来。如果你喜欢谜题,但又不喜欢等待,别担心,还有足够多的类似的问题,我们还不知道答案。

魔术效果

要设计一个好魔术,我们首先想到的是魔术的效果,然后是操心完成的方法。以下是该魔术的效果。传出一副牌,多次切牌,然后让五位观众依次取牌。表演者让他们全神贯注,并抱怨说,他们做得太棒了,以至于他自己产生了乱糟糟的意向。然后继续说:"我觉得我们能够一起完成这件事,但我需要你们的帮助。为加强你们的思维,我想让你们分分组。请所有拿到红心的人站在一起,所有拿到梅花或别的花色的人也分别站在一起;总之,拿到相同花色的人站在一起。别说出你的花色或任何别的信息。你只要专心即可。"表演者不再提问,就说出了所有五张牌。这里的思想是,观众分组——这给出了 5 个元素的划分。牌的排列应确保每五张连牌均给出不同的划分。例如,如果五张牌是:

观众 1	观众 2	观众 3	观众 4	观众 5
梅花 8	方块 4	方块 J	红心 A	梅花 10

那么五位观众的分组情况是 {1,5} {2,3} {4}。有想法是一回事,完成它是另一回事。我们以极大的兴趣开始了它的可行性研究。我们需要将 52 张牌排成一排,将 C,H,S,D(梅花,红心,黑桃,方块)四个符号进行排序,以确保每种划分仅出现一次。有一个问题:如果只用四种花色,就无法得到只含一个元素的不同的五组。对此,有两种简单的解决办法:一是只用 51 张牌,这样其中一组就不再需要了;二是把一张牌换成百搭牌,将其当做第五种花色。两种办法都可行。对于第二种办法,利用哈密顿圈以及与范春共同完成的许多艰难工作,我们找到了以下排列:

DDDDDCHHHCCDDCCCHCHCSHHSDS

SDSSHSDDCHSSCHSHDHSCHSJCDC

将通常的一副 52 张牌中的一张黑桃换成百搭牌(J),我们就可以运用这个圈了。我们不再介绍实际表演的更多细节,有兴趣的读者可以自己进一步探究。总之,我们曾完整地操作过一遍,我们敢保证,这是一个妙不可言、独一无二、得心应手的魔术,将让观众叹为观止,也会让你陶然自乐。我们对于这样的贝尔圈的构造方法以及其数目所知甚少。能找到其中一种,我们就很开心了;我们也期待看到有人表演我们的魔术。

以下介绍最后一个例子,对它我们知道的既多也不多。这是一个很基本的组合学对象,已经发展出一些数学知识,但是我们还不能构造出一个合理的魔术来。这个组合学对象是$\{1,2,\cdots,n\}$的具有给定大小k的子集(称为n元集的k元子集)。例如,集合$\{1,2,3,4,5\}$的2元子集有:

$$\{1,2\},\{1,3\},\{1,4\},\{1,5\},\{2,3\},$$
$$\{2,4\},\{2,5\},\{3,4\},\{3,5\},\{4,5\}。$$

这样,共有10个子集。其中$\{1,2\}$和$\{2,1\}$是相同的。元素顺序无关紧要。用数字1,2,3,4,5(每个数用两次),你能找到一个长度为10的序列,使得在不管顺序的情况下,每一个连续数对仅出现一次吗?

这些n元集的k元子集常常被称为"组合",等于从n个人中选出k个的方式数。它们是经典组合学的基石。五张一手的牌乃是52元集的一个5元子集。计算各种游戏的概率大小,都需要对这些东西驾轻就熟。

n元集的k元子集个数是人们经常要用到的,普遍用一个特殊符号来表示:C_n^k,读作"从n中选k"。例如,由上述所列可知,$C_5^2 = 10$。易知,

$$C_n^k = \frac{n!}{k!(n-k)!},$$

其中$n! = n(n-1)(n-2)\cdots\cdot 1$。例如,

$$C_5^2 = \frac{5!}{2!3!} = \frac{5\times 4\times 3\times 2\times 1}{(2\times 1)(3\times 2\times 1)} = 10。$$

尽管这一切听起来很简单,但其中隐藏着很多秘密:如果你知道C_{2n}^n能被哪些素数整除,那么你就比数学家们现在所知道的还要多。例如,考察C_{2n}^n的前10个值,我们得到表4.2的结果。注意到所有结果均为偶数,即它们都能被2整除。事实上,这个结论对任意n

都成立。你知道为什么这个结论是正确的吗？然而，有一些值却不能被 3 整除，如 20 和 70。同样，也有一些值不能被 5 整除（如 6 和 252），有一些值不能被 7 整除（如 6,20 和 3432）。要从 C_{2n}^n 中找出不能同时被素数 3、5、7 整除的数是很难的，最前面两个值分别为 2 和 $C_{10}^5 = 184\ 756 = 2^2 \times 11 \times 13 \times 17 \times 19$。你能找出下一个数来吗？一个著名的未解决问题是（作者将提供 1000 美元，以奖励第一个解决该难题的人），是否有无限多个这样的 n。

表 4.2　C_{2n}^n 的前 10 个值

n	C_{2n}^n
1	2
2	6
3	20
4	70
5	252
6	924
7	3 432
8	12 870
9	48 620
10	184 756

回到我们的课题。问题是这样的:已知 n 和 k，求由集合 $\{1, 2, \cdots, n\}$ 中的元素组成且长度为 C_n^k 的序列，使得每个连续的 k 元数组都包含一个不同的 k 元子集。在有些情形中，该问题能解决。如 $n = 8, k = 3$ 时，$C_8^3 = 56$，我们找到了以下序列:

82456145712361246783671345834681258135672568234723578147。

最先让我们感到惊讶的是:所要求的序列并非总能找得到。除非 k 恰好整除 C_{n-1}^{k-1}，否则问题无解。例如，当 $n = 4, k = 2$ 时，$C_{n-1}^{k-1} = C_3^1 =$

3，因为 2 不能整除 3，所以问题无解。让我们来看看为什么。集合 $\{1,2,3,4\}$ 有 6 个二元子集，它们分别是

$$\{1,2\},\{1,3\},\{1,4\},\{2,3\},\{2,4\},\{3,4\}。$$

假设我们有一个长度为 6 的有效序列，不妨记为 $abcdef$。a,b,c,d,e,f 分别代表 $\{1,2,3,4\}$ 中的一个符号。符号 1 出现于某处，其相邻位置上必须是另两个数，给出了包含 1 的数对中的两个。于是 1 必须出现两次，新的那个 1 给出另外两个数对。这就导致我们所提出的数列中有四个数对均包含 1。但事实上只可能有三个这样的数对，因此，四对中必有一对是重复的，这破坏了规则。因此，不存在这样的序列 $abcdef$。

以上论证表明，k 整除 C_{n-1}^{k-1} 是一个必要条件。若 k 不能整除 C_{n-1}^{k-1}，则不可能有解。若 k 确实能整除 C_{n-1}^{k-1}，则上述论证毫无帮助。当 $k=2$，n 为奇数时，不难看出这些圈是存在的。$k=n-1$ 的情形更容易处理，因为 $n-1$ 总能整除 $C_{n-1}^{n-2}=n-1$，因此，这样的序列应该（并且确实）总是存在的。除此之外，我们发现的第一个有趣的情形是 $k=3$。我们解决不了。该问题成了我们在各地所做的关于数学和魔术的学术报告的一部分。我们在里德学院做过报告，访问学者杰克森（Brad Jackson，现为圣何塞州立大学教授）对此很感兴趣。他证明，当 $k=3$ 时（3 能整除 C_{n-1}^{2}），对所有 n 都存在圈。他的论证也适合于 $k=4$ 的情形。事情停滞了一段时间后，我们的博士生胡尔贝特证明，当 $k=6$ 时存在所求的圈。于是，剩下 $k=5$（以及所有更大的 k）的情形等待解决。最近，胡尔贝特和杰克森合作解决了 $k=5$ 的情形。他们的论证巧妙、冗长而艰难，涉及许多计算机工作。

经过这些努力，会产生什么样的魔术呢？我们并没有好答案，

只是给出两个拙劣的魔术,希望某位读者迁怒于我们(以及问题),并发明出一个更好的魔术来。

为了整理我们的思想,考虑 $k=3$ 和 $n=8$ 的情形,此时 $C_8^3 = 56$。上面我们给出了由集合 $\{1,2,3,4,5,6,7,8\}$ 的元素构成的长度为 56 的序列,其中每个三元子集均出现一次。在该序列中,每个数字都出现 7 次(因而构成 $7 \times 8 = 56$ 张牌)。若一副牌按这样的顺序排列,则可切任意多次,然后取走并任意洗最上面的 k 张牌。现在,其未经整理的点数决定了每张牌在牌叠中的位置。一个可能的魔术(记住,我们只是在进行头脑风暴):一副 56 张牌由 8 个怪符号构成,每张牌一个符号:

$$\# \quad \blacksquare \quad \diamond \quad \langle\!\langle \quad \circledcirc \quad \rightarrow \quad \cap \quad \infty$$

每个符号出现在 7 张牌上。向观众出示并解释这副牌。表演者拿出一台笔记本电脑,下面开始由电脑接管。电脑出示了以下指令:

请将牌放在桌上,用左手切三次。取走最上面三张,并彻底洗牌。将它们放在桌上,正面朝上,排成一行。(不妨设它们是 $\blacksquare \cap \diamond$)。触摸屏幕上所示的相应符号,将它们输入电脑。

现在,电脑让观众从这三张牌中选一张作为"关键牌"(比如说他选了 $\diamond$)。然后让观众捡起整副牌,并遵循以下一系列指令:

将牌分成两堆,交替处理两堆牌,将左手这堆最上面的牌拿到边上,然后将右手堆的牌再分成两堆,并将最后一张牌拿到边上。

指令以近乎"疯狂"的模式继续着。最后,有 6 张牌正面朝下地置于一边。电脑提醒观众刚才所选的是 $\diamond$。翻开 6 张牌时,它们正是剩下的那些 $\diamond$。

完成这些需要费点力:对于任一切牌位置以及所选择的关键牌,处理的顺序都必须输入计算机内存。它构成了一个漂亮的课堂研究项目(每个学生都能分到几个实例)。这不算是最糟糕的魔术,但必定会有更好的魔术。

一个与众不同的想法:我们能展示一个八中选三的子集,其中红牌位于一行八张牌中。是否存在一个由56个0/1符号构成的序列,其中每个连续的八元组只含有三个1,且从左到右,每一个可能的三元子集都只出现一次? 好的,稍加思索,便知这是不可能的,因为要使滑动窗口的每一个可能位置上都有三个1,唯一的办法是让序列具有周期性,其中的每一个符号与八个位置之前的符号相同。然而,我们有可能在适当排列的 $C_8^3 + C_8^4 = 56 + 70 = 126$ 张牌中,让所有三元子集和四元子集都只出现一次吗? 我们不知道!

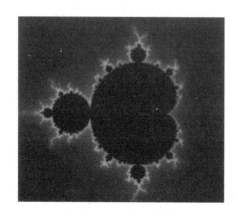

第五章

从吉尔布雷思原理
到芒德布罗集

现代纸牌魔术的重大新发现之一是吉尔布雷思原理。这是一个让观众来洗普通的一副牌，但最终仍能完成结构大展示的新的不变形式。

现代数学的伟大新发现之一是芒德布罗集。这是一个对平面进行"洗牌"，但最终仍能完成结构大展示的新的不变形式。

以上说法是个双关语。随机弹洗的不变形式与芒德布罗集的普遍结构之间的联系远比表面看起来更深刻。我们只在本章最后才谈到它。本章会介绍一些很好的纸牌魔术，并利用新的"终极"吉尔布雷思原理对其作出解释。后面会介绍芒德布罗集，它涉及美丽的图案及一些让人眼花缭乱的普遍性质，这些性质表明，这些美丽的图案实际上隐含于每一个动力系统之中。我们敢打赌，你肯定还没有看出我们故事中的两个角色之间存在的任何联系。

现在，让我们先从魔术开始。

1 吉尔布雷思原理

为了试试吉尔布雷思原理,我们先去取一副普通的牌来。将牌的正面朝上,自上而下红、黑相间排列。不用去管牌的花色和点数,只管颜色即可。准备工作做好后,即可开始逗弄一下自己了。切牌一次,随便从哪个位置分开。将牌正面朝下,就像你马上要开始打牌一样。取其中的一半左右,正面朝下置于桌上。取牌数目关系不大,可随意选择。现在,牌分成了两叠,一叠在桌上,一叠在你手上。将两叠牌弹洗到一起。多数人都知道怎样弹洗(见图5.1)。洗牌时同样也无需谨小慎微。只要像你平常所做的一样即可,将牌理到一起。

图 5.1

下面就是结果了:把牌拿到手上,翻开顶上两张。它们必定是一红一黑。当然,这并不那么令人惊讶,因为在洗好的一副牌中,这个结果本来就有一半的可能性。再翻开下面的两张,结果还是

一红一黑。继续翻牌，你会发现每连续两张牌都是一红一黑。你或许会天真地认为，在洗好的一副牌中，出现这一结果的可能性为

$$\overbrace{½ × ½ × \cdots × ½}^{26个}（小于一亿分之二）。$$

实际概率要比它大一点，约为七百万分之一。本章最后将介绍这个数是如何得到的。

继续阅读下文之前，你可能想知道，何以会产生这样的结果。不难看出，无论怎样切牌、理牌、洗牌，最上面两张必然是一红一黑的。当我们试给学生看的时候，很少有学生能明白，为什么下面两张牌还是一红一黑的。我们不记得有哪个学生对此给出过完整、清晰的论证。

上述结果称为吉尔布雷思第一原理，是由加利福尼亚人吉尔布雷思于 1950 年代初发现的。他是一位数学家、终身魔术师。本章最后还将介绍吉尔布雷思更多的工作。下面要讲第二原理和终极原理。

红/黑魔术可以按刚才所介绍的方式来表演。将一副牌红黑相间排列，然后放入扑克牌盒里。找一位观众，按上面所讲的步骤进行操作。将牌从盒中取出，让这位观众切牌数次。从中任取若干张牌，叠放在桌上，然后将手中的一叠和桌上的一叠弹洗在一起。观众在做这些时，你可以装作仔细研究他的样子（你甚至可以假装在便签上作一些记录）。你可以做出保证，"这是一副普通的牌，没做过任何手脚。"从观众手里接过牌，藏到桌子下方。口中说，你准备利用触觉来分牌："我保证决不看这些牌。你们知道，红墨水和黑墨水是由完全不同的材料制成的。红墨水中往往含有硝酸甘油，囚犯们常常将其从牌上刮下来。无论如何，我会尽力感觉出红与黑的差异，并让它们两两配对。"

实际上,你所要做的不过就是依次取顶上的两张牌。假装仔细摸牌,也可偶尔说一句"这几张我拿不准"之类的话。当你向观众依次出示两张两张牌时,如果你将各对牌重新排序,使得红牌在上黑牌在下(你会发现,它们的顺序似乎是随机的),并将各对牌按顺序叠放在一起,那么你马上可以重复这个过程。

说实话,上述魔术只能算马马虎虎,按我们的胃口,它未免肤浅了点。多年来,魔术师们对它进行了不少拓展和改进,使它变得十分精彩。作为例子,我们现在介绍一个由魔术师、保险公司经理库里(Paul Curry)所开发的精巧魔术。下面这个未曾发表的作品中含有诸多启示。

表演者请一位观众起立,并问两个私人问题:"你善于识别别人是否撒谎吗?如果你不得已要撒谎,你觉得你能让我们无法识别出来吗?"很多人对这两个问题都给出"肯定"的回答,根据特维尔斯基(Amos Tversky)的研究,这是人性的奇怪的不对称性。

该魔术的道具是一副牌和一台笔记本电脑(用作记分员)。表演者让一位观众切、洗牌,并取出两叠 10 张左右的牌。表演者从中取一叠,并说出每张牌的颜色(红或黑)。观众要做的是猜测表演者何时撒了谎,直到整叠牌都取完,每次一张。每次猜测之后,表演者将牌出示,并输入正误得分。连续做 10 次左右。最后,计算机给出计分结果,如"10 次中猜对 7 次,良好。"

现在,角色互换。轮到观众说谎或说真话。更奇妙的是,猜"谎话还是真话"的不是表演者本人。计算机将充当测谎者。观众看最上面一张牌,(心中)决定是否要说谎。依据他/她所做的决定,观众在电脑上敲"R"或"B"键,分别表示红或黑。计算机作出回应,实际判定观众是否说谎。信息每次发生变化,但电脑却总是猜对。这产生了怪异的效果,与魔术的简陋方式颇不相称。

何以产生如是结果?一开始,牌是红、黑相间排列的。观众切牌多次,并从中取牌若干,叠放于桌上。表演者可以说一些关于扑克的行话,并虚张声势地介绍一下测谎器。观众将两叠牌弹洗在一起,然后左、右发牌,各发 10 张左右。观众将其中任意一叠递给表演者。

接下来是本魔术的关键。根据吉尔布雷思原理,经过弹洗后,每连续两张牌都含有一红一黑。左、右发牌确保两叠牌从上到下对应的牌颜色相反。比如,洗牌之后顶上 20 张牌为红黑黑红黑红红黑红黑黑红红黑黑红红黑黑红,则左、右发牌后,我们得到:

红	黑
黑	红
黑	红
红	黑
红	黑
黑	红
红	黑
黑	红
红	黑
黑	红

若左边一叠的顶上一张是红牌,则右边一叠的顶上一张就是黑牌。第二张牌的情况与此相似,以此类推。观众将任意一叠牌递给表演者,表演者看牌后说出颜色,每次要么说谎要么说真话。并无任何预设的模式。按你的风格随意表演,使用滑稽语调,做些鬼脸等等。观众猜"谎话还是真话",表演者出示牌,每次根据猜得对或错

输入"C"或"W"。

下面是第二个秘密。将每次猜测结果输入电脑后，若所猜牌的实际颜色为红色，则表演者按空格键；若所猜牌的实际颜色为黑色，则不按任何键。这一变化在整个魔术中不为人们注意，而它将表演者手中牌的实际颜色告诉了电脑。于是，通过取相反颜色，电脑就知道了观众手里每一张牌的颜色了。当观众操作他/她手里那叠牌（无论采用什么复杂的思维过程）时，他/她最终都是按"R"键或"B"键。电脑将观众的每次输入与已知颜色进行比较，从而确定观众说的是谎话还是真话。

若事先给每张牌的结果分别编一组信息，则有助于魔术的表演效果。这样，当观众说谎话时，电脑可以声称"你说谎了"或"啧啧——别再胡闹了"；当观众说真话时，电脑则声称"你想迷惑我——你说的是真话"。只需很少的准备工作，但很值得。

库里首次为我们表演这个魔术时，个人电脑和可编程计算器远未出现。他手工制作了一个带有显示器、电线和开关的复杂装置来完成这一简单任务。他后来将该魔术的一个使用纸笔的版本写进了他的佳作《库里献演》中。但由于失去了计算机作为测谎器的奇妙效果，那个版本不如上述版本那么好。

这里，我们不详细介绍编程的细节。如果你懂一点编程知识，这只不过是个把小时的事情（当然，也可能是几小时的事情）。如果你不懂，去找个十几岁的年轻人帮忙。库里魔术是一个想象力与表现形式如何将名不见经传的数学魔术变成一场大戏的杰出例子。库里还发明了一个或许是史上最伟大的红黑魔术——天外来客。这里我们不作介绍，但它肯定值得你去搜索。

到目前为止，我们已解释了吉尔布雷思第一原理。1966 年，吉尔布雷思又引入了一个全面推广的形式,称为吉尔布雷思第二原理,震撼了整个魔术界。在第一原理中,采用的是红黑交替的模式。吉尔布雷思发现,任何重复模式都可以利用。例如(去取一副牌),将一副普通的牌按花色循环排列:梅花、红心、黑桃、方块、梅花、红心、黑桃、方块,等等。任意切牌,任取若干张牌正面朝下地发,(颠倒顺序)叠放于桌面上,然后将两叠牌弹洗在一起。顶上 4 张牌各为一种不同花色,彼此没有重复;下面连续 4 张牌也是如此,一直到底下 4 张牌。

以下是一种简单的变型。从一副牌中拿出 4 张 A、4 张 2、4 张 3、4 张 4 和 4 张 5(共 20 张牌)。将其循环排列:

$$1,2,3,4,5,1,2,3,4,5,1,2,3,4,5,1,2,3,4,5。$$

任意切牌一次,任取若干张牌正面朝下地发,叠放于桌上。然后,将这叠牌和余下的牌弹洗在一起,则顶上 5 张牌为 $\{1,2,3,4,5\}$ (按某种顺序排列),下 5 张牌、下下 5 张牌及最后 5 张牌都是如此。很多魔术都是由这些思想发明出来的。该原理通常要与熟练的手法相结合,这使得该魔术不适合于本书。我们已将其中之一进行调整,使它变成容易表演的魔术。那些懂点手法的人将能够把魔术包装得更漂亮一些(欲知更多内容,请参阅第十一章)。

以下魔术很符合我们的口味。它运用了吉尔布雷思第二原理,连同沃尔和扎罗(Herbert Zarrow)的思想。

魔术大致效果如下:表演者问,是否有人想学学牌中骗术。"要想赚大钱,关键是你不但要学会发给某人一手好牌,而且还要学会给自己(或你的搭档)发一手更好的牌。"说过类似这样的开场白之后,让一位观众切牌、洗牌、发牌(表演者适当帮点忙,并开开玩笑)。观众给一位玩家发了一手好牌——大顺子(A, K, Q, J,

10),而给自己发了一手更好的牌——同花(五张牌同花色)。最后,观众和其他所有人一样感到迷惑不解。表演者警告,这项新技术仅用于娱乐目的。

要表演这个魔术,最上面25张牌必须事先排好顺序。拿出10张黑桃,以及A、K、Q、J、10各3张(花色不限)。将其中5张黑桃放在最上面,另5张黑桃放在最下面,中间15张牌按A,K,Q,J,10循环排列,此即:

黑桃,黑桃,黑桃,黑桃,黑桃,A,K,Q,J,10,A,K,Q,J,10,

A,K,Q,J,10,黑桃,黑桃,黑桃,黑桃,黑桃

将这25张牌放在其余牌的上面,再将整副牌装入盒子。

请一位想学牌中骗术的自愿者上台。这可能需要与观众做一些有趣的互动。问自愿者(不妨称她为苏珊),她是否会玩牌——电视上有各种扑克牌玩法,很多人都会,但还有很多人不会。从盒子中取出整副牌,正面朝上。例举若干手牌,向观众解释什么是一对、两对、三条、顺子和同花。不要破坏最上面25张牌的原始顺序。告诉她入门很容易。从中间的5张黑桃那里将整副牌(仍然正面朝上)分开,此时你手上只有原来在上面的25张牌。将牌正面朝下递给苏珊。说你们将看到她的发牌技术——让她任发若干张牌,叠成一堆,置于桌上。具体张数不是很要紧,但至少要5张以上,至多20张。现在,问她是否会弹洗,让她将分出的这叠牌与25张牌中剩余的那些牌弹洗成一叠。告诉她,扑克是循环发牌来玩的——让她像平常的牌局一样发5手牌。对她的技术做个评论。让她看其中一手牌(翻开牌,但不改变顺序,说出牌的点数)。现在,让她将5手牌以任意顺序收在一起,但保持每一手牌不分开。

然后说:"刚才只是练习,现在可要动真格了。你的下家是个狂赌者。你的搭档拿的是第一手牌。我希望你能运用你的技术,给第二位玩家发一手好牌,但同时确保给你的搭档发一手更好的牌。"苏珊可能会看着你,觉得你发疯了。无论如何,让她按平常方式发五手牌。依次翻开第二个位置的每一张牌。它们恰构成含 A 的大顺子——摇摇她的手,做出作弊成功了的样子。"苏珊,你太有才了!"然后提醒她:"且慢。含 A 的大顺子几乎不可战胜。得到含 A 大顺子的概率是两千五百分之一。你的搭档情况会怎样呢?"依次慢慢翻开第一个位置玩家的每一张牌。它们恰为黑桃同花,轻松击败了含 A 大顺子。再次握住她的手,评论道:"苏珊,你真是一位扑克天才!"

虽有很多修饰,但它带来了令人愉快的数分钟。对于读者你而言,弄懂这一切何以发生,乃是组合学入门中的精彩一课。该魔术的一个更奇妙的版本需要一些灵巧的手法,收录于本(David Ben)的《扎罗的魔术人生》一书,称为"重组扑克"(U-Shuffle Poker)。

吉尔布雷思终极原理

到目前为止,我们已看到吉尔布雷思两个原理的两个精彩应用,一种利用红与黑,一种利用循环序列。人们自然要问:我们的弹洗都保留了哪些别的性质或排列? 这实际上是一个很难的抽象数学问题。"性质或排列"以及"保留"到底是什么意思呢? 毕竟,如果任意洗一副标以{1,2,3,…,52}的牌,它仍然包含所有这些数字,且仅出现一次。显然,这个不算。那么,允许隔张看牌吗?

让我们先仔细定义什么叫"洗牌"。考虑 N 张牌,分别记为 1,2,3,…,N。对于平常的一副牌来说,$N = 52$。一开始,牌按自然顺序排列,最上面是 1,其次是 2,最底下是 N。所谓"吉尔布雷思洗牌法",指的是以下置换:在 1 和 N 之间固定一个数,记为 j。将最上面 j 张牌正面朝下依次发到桌上,叠在一起,牌序与原先相反。现在,将这 j 张牌与余下的 $N-j$ 张牌弹洗成一叠。例如,若 $N=10$,$j=4$,则洗牌后可得如下结果:

1			4
2			5
3	5		6
4	6	4	3
5 →	7	3 →	7
6	8	2	2
7	9	1	8
8	10		9
9			1
10			10

我们想弄明白的是,经过一次吉尔布雷思洗牌后,可能会得到什么样的排列?下面给出两个答案。首先,我们要对究竟有几种可能的不同排列进行计数;其次,我们将对这些排列做一个简单的描述,我们称之为吉尔布雷思终极原理。

计数

N 张牌的不同排列数为 $N \times (N-1) \times (N-2) \times \cdots \times 2 \times 1 = N!$($N$ 的阶乘)。随着 N 的增大,这个数迅速增大。例如,当 $N=10$ 时,$N!=3\,628\,800$,超过了 350 万。当 $N=60$ 时,$N!$ 超过了整个宇宙中的原子数。换言之,$60! \approx 8.21 \times 10^{81}$,而(根据当前的理论)估计出的整个宇宙中的原子数小于 10^{81}。

当然,经过一次吉尔布雷思洗牌之后,并非所有排列都可能出现。在本章最后，我们将证明，对于一叠 N 张的牌，只可能出现 2^{N-1} 种排列。当 $N=10$ 时，$2^{N-1}=512$；当 $N=52$ 时，$2^{51}\approx 2.25\times 10^{15}$。这仍是一个很大的数（这让魔术变得复杂而有趣）。例如，读者可以检验，在 4 张牌的情形，共有 8 种可能的吉尔布雷思排列：

$$1\ 2\ 2\ 2\ 3\ 3\ 3\ 4$$

$$2\ 1\ 3\ 3\ 2\ 2\ 4\ 3$$

$$3\ 3\ 1\ 4\ 1\ 4\ 2\ 2$$

$$4\ 4\ 4\ 1\ 4\ 1\ 1\ 1$$

顺便插一句，我们先用 $N=1,2,3,4$ 四种情形来检验。通过罗列所有可能的排列，我们归纳出答案为 2^{N-1}。如果这个答案正确，那么因为它如此简洁，所以必定存在一个简单证明。注意，简洁的计数不同于简洁的描述。接下来我们会给出描述，然后恳请大家帮忙发明一个好魔术。证明会在本章最后给出。

终极不变量

为了对结果作出描述，我们需要某种记录的方法。对于一叠原来按 $1,2,3,\cdots,N$ 排序的牌，用 π 表示新的顺序，$\pi(1)$ 表示新顺序中的第 1 张牌，$\pi(2)$ 表示新顺序中的第 2 张牌，……，$\pi(N)$ 表示新顺序中的第 N 张牌。例如，若一叠 5 张牌的新顺序为 $3,5,1,2,4$，则 $\pi(1)=3,\pi(2)=5,\pi(3)=1,\pi(4)=2,\pi(5)=4$。这看上去似乎是将简单问题复杂化，但如果不这样做，我们没法往下展开。现在，我们可以将"一叠 N 张的牌，原始顺序为 $1,2,3,\cdots,N$，经过一次吉尔布雷思洗牌后，顺序为 $\pi(1),\pi(2),\cdots,\pi(N)$"简化为"$\pi$ 为一个吉尔布雷思排列"。

我们需要的最后一件事情是模 j 的余数的记号。若取固定数 j（如 $j=3$），则任何一个数（如 17）除以 j 后都有某个余数。例如，17

除以 3, 余 2, 我们就说, 17 模 3 余 2。如果一组数模 j 的余数不同, 则称它们对模 j 不同余。例如, 12 和 17 除以 3 的余数分别为 0 和 2, 故它们对模 3 不同余。而 14 和 17 的情况则不是这样, 因为它们除以 3 的余数都是 2。利用这些必需的记号, 我们给出主要的结论。在看似抽象的陈述之后, 我们会给出十分具体的例子。再后面是命题的证明。

定理 (吉尔布雷思终极原理) 对于 $\{1, 2, 3, \cdots, N\}$ 的一个排列 π, 以下四个性质是等价的:

性质 1. π 为一个吉尔布雷思排列;

性质 2. 对于每一个 j, 最上面 j 张牌 $\{\pi(1), \pi(2), \pi(3), \cdots, \pi(j)\}$ 是对模 j 不同余的;

性质 3. 对于每一个 j 和 $k(kj \leqslant N)$, j 张牌 $\{\pi((k-1)j+1), \pi((k-1)j+2), \cdots, \pi(kj)\}$ 是对模 j 不同余的;

性质 4. 对于每一个 j, 最上面 j 张牌在 $1, 2, 3, \cdots, N$ 中是连续的。

下面给出一个例子来说明这个定理。对于一叠 10 张的牌, 我们可以依次发 4 张到桌上, 堆成一小叠, 然后将它和余牌弹洗成一叠, 得到以下排列 π:

$$4 \quad 5 \quad 6 \quad 3 \quad 7 \quad 2 \quad 8 \quad 9 \quad 1 \quad 10$$

此时, π 为一个吉尔布雷思排列, 按定义, 它满足性质 1。定理表明, π 有许多特殊性质。例如, 考虑性质 2。对于每一个 j, 最上面 j 张牌是对模 j 不同余的。当 $j=2$ 时, 最上面两张牌 4 和 5, 模 2 分别余 0、1。当 $j=3$ 时, 最上面三张牌 4、5、6, 模 3 分别余 1、2、0。该性质对于从 1 到 N 的所有 j 都成立, 不管实行了什么样的吉尔布雷思洗牌。

性质 3 是对原来的通用吉尔布雷思原理的改良。例如,当 $j=2$ 时,该性质说的是,经过任意吉尔布雷思洗牌之后,每两张连续的牌都包含一个奇数点数和一个偶数点数。若在原始排列中,偶数点数牌为红色,奇数点数牌为黑色,即得吉尔布雷思第一原理。这里所做的一点改良工作,就是我们无需假定 N 能被 j 整除;只要 $k \leqslant j$,且这些牌前面的牌数是 j 的倍数,最后 k 张牌仍是对模 j 不同余的。

最后一个性质 4 需要做些解释。考虑吉尔布雷思排列 π(为节省空间,我们将其横写):

$$4\ 5\ 6\ 3\ 7\ 2\ 8\ 9\ 1\ 10$$

最上面 4 张牌(这里是 4,5,6,3)在原始牌序中是连续的。(尽管顺序有变动,但四个数一开始是连续的)。类似地,对任一 j,最上面 j 张牌在原始牌序中也是连续的。

这一切的意义在于,它们中的任何一个部分都给出了完全的特征描述。例如,若 π 为一个吉尔布雷思排列,则对所有的 j,π 都满足性质 3。反之,若对于所有的 j,π 为满足性质 3 的任一排列,则 π 必产生于一次吉尔布雷思洗牌。从某种意义上说,这是一个消极的结论。它说明,并不存在什么新的尚未发现的不变量——吉尔布雷思发现了所有性质。另一方面,现在我们对此已经很清楚,无需再加思索。

性质 2 就是我们新的吉尔布雷思终极原理。我们在别处未曾见过它,而它是定理证明的关键。我们还没有发现任何一种用它编制一个好魔术的方法。抱着激怒某些读者,使其在该方向取得突破的期望,以下我们给出一种不成功的尝试。

作为表演者,你向观众出示 10 张牌,它们的点数分别是 1,2,

3,…,10。说辞如下："你帮助过你的孩子做数学作业吗？它相当复杂。我那几个孩子在做二进制、三进制和八进制的算术。他们会带着叫什么'模 j'的题目回家。"解释一下模 j（如前所述），然后继续，"他们老师说，以下情形总是成立的。"将牌按 1，2，…，10 的顺序排列。可以用平常玩的牌，也可以用写有醒目数字的索引卡。让观众切牌，将若干张牌发到桌上，然后将两叠牌弹洗在一起。解释说："最上面两张牌构成了模 2 的全集，故一张点数为偶数，另一张点数为奇数。让我们看一看。然后，最上面 3 张牌构成了模 3 的全集。让我们翻开下一张牌。"解释一下怎么才算成立："我们来看一看——4，5，3，其中 3 模 3 余 0，4 模 3 余 1，5 模 3 余 2，所以成立。再来看看下一张牌……"只要你有勇气，可以一直说下去。

说实话，我们没有勇气给朋友们表演这个魔术。它似乎并不完美。更糟的是，定理的性质 4 所描述的模式可能是显而易见的。事实上，性质 4 正是这样发现的。我们已经证明了性质 1、性质 2 和性质 3 之间的等价性，但还不知道性质 4 会怎样。只要我们把魔术表演一遍，就会注意到性质 4 了。它的发现使证明变得更容易。来看看下一节中的证明。

2 芒德布罗集

芒德布罗集是最惊人的数学对象之一。图 5.2 给出了一个芒德布罗集的图形。仔细观察会发现,每一处边缘都具有"叶子"的特征。留意图 5.2 的底部。将其放大,得到图 5.3。现在,新的"叶子"成分出现了。再将图 5.3 的底部放大,可观察到图 5.4 所示的令人眼花缭乱的结构。图 5.5 和图 5.6 是放大更多的图形。每副图都显示出了一种丰富的、精细的结构。

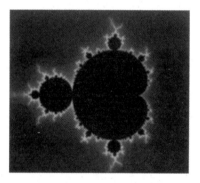

图 5.2

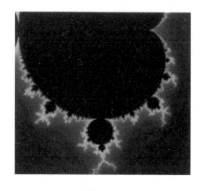

图 5.3

图 5.4

图 5.5   图 5.6

互联网上有很多计算机程序可用来探索芒德布罗集。(随着图形的放大,)越来越精细的结构不断出现。它吸引了数学、物理学和生物学上的顶尖头脑。此外,正如下文所解释的,这种模式是"普遍存在的"。它出现在很多看似无关的系统中。

本章讨论的是洗牌法和吉尔布雷思原理。当了解到洗牌与芒德布罗集之间具有密切联系后,我们希望读者和我们当初一样,感到十分惊奇。故事很难讲清楚,故先做些提示。我们从一个简单的程序开始:平方与加法。这实际上就是定义芒德布罗集所需要的一切。接下来,我们要确定,重复平方和加法运算,何时会形成一个周期序列。洗牌法和吉尔布雷思原理可用来描述该序列的点的排序方法。到目前为止,我们的一切活动都发生在一维的、"通常"的数身上。芒德布罗集属于二维。只有在二维中才能正确定义芒德布罗集。最后,我们带大家快速领略芒德布罗集,解释其普遍性,并期待有人能帮忙找到一些二维洗牌法,来解释最后剩下的秘密。

平方与加法

重复平方是人们很熟悉的一个程序。从 2 开始,我们会依次得到 2,4,16,256,65 536,…,直到无穷。从小于 1 的一个数开始，如 1/2,我们会依次得到 1/2,1/4,1/16,1/256,1/65 536,…,该数列趋向于 0。我们还要处理负数的情形。从 -1 开始，重复平方，会依次得到 $-1,1,1,1,1,1,…$。如果每一次平方后再加上一个固定的数,事情就会变得更有意思了。假定每次加上 1。从 0 开始，平方后加上 1,即 $0^2+1=1$,重复平方后加上 1 的过程,依次得 $1^2+1=2,2^2+1=5,5^2+1=26,…$,直到无穷。若每次加上 -1,则依次得到 $0,0^2-1=-1,(-1)^2-1=0,0^2-1=-1,(-1)^2-1=0,…$。该数列永远在 0 和 -1 之间摆动。若每次加上 -2,结果也是类似的,所得数列为 $0,-2,2,2,2,2,…$。加上一个小于 -2 或者大于 0 的数,结果都会得到一个趋于无穷的数列。加上一个 -2 与 0 之间的数,结果都会得到一个有界数列(随着时间的推移,它们不会离 0 任意远)。它们都在芒德布罗集里。

周期点

加上某些特殊的数,会得到以一种固定模式循环的数列。假设每次平方后所加的数为 c,则所得数列为:

$$0,0^2+c=c,c^2+c,(c^2+c)^2+c=c^4+2c^3+c^2+c,…$$

若该数列趋向于 0,则最终其中一个被迭代的项必定会消失。考虑 c^2+c 这一项,它什么时候等于 0? 若 $c^2+c=0$,则 $c=0$,或 $c+1=0$ 即 $c=-1$。上面我们看到,每次加上 -1,得到数列 $0,-1,0,-1,0,-1,…$,这是一个"周期为 2"的模式。考虑下一项 $c^4+2c^3+c^2+c$。c 取何值时它等于 0? $c=0$ 显然满足,但我们前面已经见过。若 $c\neq0$,则将各项除以 c,考虑 $c^3+2c^2+c+1=0$。这是一个三次方程,根据复杂的三次方程求根公式,可知在此情况下数值

$$c = \frac{\sqrt[3]{100 + 12\sqrt{69}}}{6} - \frac{2}{\sqrt[3]{100 + 12\sqrt{69}}} - \frac{2}{3} = -1.75487\cdots$$

满足条件。用这个数作为 c,可得

$0, -1.75487\cdots, (-1.75487\cdots)^2 - 1.75487\cdots = 1.32471\cdots, 0, \cdots$
该模式会持续出现,每三步重复一次。我们称 $c = -1.75487\cdots$ 为
"周期为 3"的点。

采用同样的方法,可以得到周期更大的点。例如,将 $c^4 + 2c^3 + c^2 + c$ 平方后加上 c,得到 $c^8 + 4c^7 + 6c^6 + 6c^5 + 5c^4 + 2c^3 + c^2 + c$。由此得到 c 的两个新的值:$c = -1.3107\cdots$ 和 $c = -1.9407\cdots$,两者都是"周期为 4"的点。相应的重复数列分别是:

$c = -1.3107\cdots:0, -1.3107\cdots, 0.4072\cdots, -1.1448\cdots, 0, \cdots$

$c = -1.9407\cdots:0, -1.9407\cdots, 1.8259\cdots, 1.3931\cdots, 0, \cdots$

对于每个可能的周期,都存在新的周期数列。要找到这些数列,只需求出 c 的值,使得"平方后加上 c"程序的第 n 次迭代等于 0。它们恰好可用吉尔布雷思排列来描述。

与洗牌的关联

为了与洗牌建立关联,从 0 开始,记下一个周期数列。在最小点上方记一个 1,在次小点上方记一个 2,以此类推。例如,若 $c = -1.75487\cdots$(周期为 3 的点),则有:

2	1	3
0	$-1.75487\cdots$	$1.32471\cdots$

对于两个周期为 4 的序列,当 $c = -1.3107\cdots$ 时,我们有:

3	1	4	2
0	$-1.3107\cdots$	$0.4072\cdots$	$-1.1448\cdots$

当 $c = -1.9407\cdots$ 时,我们有:

$$
\begin{array}{cccc}
2 & 1 & 4 & 3 \\
\hline
0 & -1.9407\cdots & 1.8259\cdots & 1.3931\cdots
\end{array}
$$

对于一个固定的值 c，写在上方的数字给出了排列的代码，它恰好是一种吉尔布雷思洗牌法。以下是解码的操作过程。例如，当 $c = -1.3107\cdots$ 时，写在上方的数字是 3142。从 1 开始往左走（到头时转到最右边再走），得到 1324。这是一个排列的"循环记号"，读作"从 1 到 3，从 3 到 2，从 2 到 4，再从 4 回到 1。"将 1，2，3，4 写成一行，在它们下方分别写上它们所走向的下一个数，得：

1 2 3 4

3 4 2 1

读者可以 $c = -1.9407\cdots$ 为例做个练习。写在上方的数为我们看到的 2，1，4，3。从 1 开始往左走，得到循环 1234，最后得到的两行排列为：

1 2 3 4

2 3 4 1

整个解密码过程的意义在于，下面一行的排列总是一个吉尔布雷思排列，而且，对应于 c 的周期为 n 的点，长度为 n 的循环吉尔布雷思排列仅出现一次。

这个结果是沙利文（Dennis Sullivan）告诉我们的，他把这个结果归功于杰出的数学家米尔诺（John Milnor）和瑟斯顿（William Thurston）。他们三个都是 20 世纪最杰出的数学家——后两位都是菲尔兹奖（常常被誉为数学上的诺贝尔奖）得主。不管这个结果属于谁，它建立了一种充满迷人魅力的联系，这一联系才刚刚开始被人们理解。我们下面将它作为一个正式的定理，后面再做进一步的评论。

完整的芒德布罗集

上面所有的活动都局限于一维的直线。而芒德布罗集属于二维。二维上有一个"平方后加上 c"的概念，能使重复平方后加上 c 所得结果有界的 c，恰为芒德布罗集上的点。在平面上，c 的值是二维的：$c = (c_1, c_2)$。

图 5.2 给出了芒德布罗集的图形。x 轴上介于 -2 和 0 之间的值就是上面讨论过的点。中央大心形区域称为心形曲线。它的四周被斑点所包围，而每一个这样的斑点又被更小的斑点所包围（以此类推，直至无穷）。关于芒德布罗集，一个主要的有待研究的问题与 c 的值有关（现为 (c_1, c_2)），通过"平方与加法"程序，这些值产生了周期数列。人们猜想，每一个斑点（大斑点，小斑点，以至无穷）都包含一个周期点。这个猜想如果得到了证明，那么，著名的"局部连通性"猜想也就迎刃而解了。沙利文告诉我们，芒德布罗集之所以与洗牌之间有关联，是因为洗牌法确定了 x 轴上周期点的参数。是否存在能够确定二维周期点的参数的二维洗牌法？我们不知道，但是我们正在深入思考。

带点魔术味的数学

平方与加法程序在二维上具有完美的意义，即将点 z 变成点 $z^2 + c$。有一个简单的几何意义：二维中的点 z 可通过其坐标 (x, y) 来刻画。图 5.7 给出坐标为 (x, y) 的一个点以及该点与原点之间的连线，该连线与 x 轴的夹角为 θ。要得到点 (x, y) 的平方，可取点 (x, y) 到原点距离的平方以及夹角的 2 倍，作出新的点，其坐标为 $(x^2 - y^2, 2xy)$。将其记为 (x', y')。加上 $c = (c_1, c_2)$，得 $(x' + c_1, y' + c_2)$。每次使用同一个 c 值，重复上述程序。从 0 开始，若由该程序产生的点位于圆心在原点的足够大的圆内，则将 c 归入芒德布罗集。图5.2给出了c的所有这样的值。

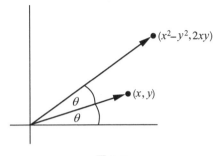

图 5.7

有一本关于芒德布罗集的综合画册，它是皮特根（H. O. Peit-gen）、尤尔根斯（H. Jürgens）和索佩（D. Saupe）编写的《混沌与分形：科学新前沿》。关于洗牌法与芒德布罗集关系的讨论，见于沙利文的论文"边界、二次微分与重新规范化猜想"。要了解专家关于芒德布罗集的讨论，可参阅雷（T. Lei）的著作《芒德布罗集：主题与变式》。

让我们更详尽地陈述洗牌与芒德布罗集中的实点之间的基本关联。定义一个多项式序列 $P_1, P_2, P_3, \cdots$，它们具有以下迭代关系：

$$P_1(x) = x,$$

$$P_2(x) = x^2 + x,$$

$$P_3(x) = P_2^2(x) + x = (x^2 + x)^2 + x = x^4 + 2x^3 + x^2 + x,$$

$$\cdots$$

$$P_n(x) = P_{n-1}^2(x) + x。$$

于是，$P_n(x)$的最高次数为2^{n-1}。沙利文证明，P_n的实零点"很简单"。每个实零点可用做"平方与加法"迭代程序中所加的常数。

定理　定义 $P_1(x) = x, P_{k+1} = P_k^2 + x(k < n)$。$P_n$ 的导致周期

为 n 的周期序列的实零点 c 与 n 阶循环的吉尔布雷思排列是一一对应的。这种一一对应关系是这样的:利用 c,产生迭代 $0, c, c^2 + c$, $c^4 + 2c^3 + c^2 + c, \cdots$。将最小的值标记为 1,次小的值标记为 2……最大的值标记为 n。按从右到左的顺序将这些数值读出,作为一个循环排列。将其转化为上下两行的记号,则下面一行即为吉尔布雷思排列(本章开头描述过其特征)。在这种对应中,每个循环吉尔布雷思排列仅出现一次。

注意,并非每一个吉尔布雷思排列都会产生 n 阶循环。例如,取最上面一张牌,并将其插入一副牌的中间,所得排列就是一个非 n 阶循环的吉尔布雷思排列。吉尔布雷思排列中 n 阶循环的数目是由罗杰斯(Rogers)和威斯(Weiss)确定的。他们证明,该数目恰好等于

$$\frac{1}{2n} \sum_{d \mid n, \, d \text{为奇数}} \mu(d) 2^{n/d} \text{。}$$

这里是对 n 的所有奇因数 d 求和,而 $\mu(d)$ 为初等数论中所谓的莫比乌斯函数。即,若 d 能被一个完全平方数整除,则 $\mu(d) = 0$;若 d 为 k 个素因数的乘积,则 $\mu(d) = (-1)^k$。例如,当 $n = 2, 3, 4, 5, 6$ 时,由公式可得循环吉尔布雷思排列的数目依次为 $\frac{1}{4}(2^2) = 1$, $\frac{1}{6}(2^3 - 2) = 1$,$\frac{1}{8}(2^4) = 2$,$\frac{1}{10}(2^5 - 2) = 3$ 和 $\frac{1}{12}(2^6 - 2^2) = 5$。例如,当 $n = 5$ 时,c 的三个值分别给出:

2	1	5	4	3
0	-1.9854	1.9564	1.8424	1.4090

,

3	1	5	4	2
0	-1.8607	1.6017	0.7047	-1.3640

,

4	1	5	3	2
0	-1.6254	1.0165	-0.5920	-1.2749

。

相应的两行阵列分别为：

$$
\begin{array}{ccccc}
1 & 2 & 3 & 4 & 5 \\
2 & 3 & 4 & 5 & 1
\end{array}
$$

$$
\begin{array}{ccccc}
1 & 2 & 3 & 4 & 5 \\
3 & 4 & 2 & 5 & 1
\end{array}
$$

$$
\begin{array}{ccccc}
1 & 2 & 3 & 4 & 5 \\
4 & 3 & 5 & 2 & 1
\end{array}
$$

其中(每个阵列的)第二行为吉尔布雷思排列。

回想起恰好有 2^{n-1} 种吉尔布雷思洗牌法。上述公式表明,约有 $\dfrac{2^{n-1}}{n}$ 种吉尔布雷思 n 阶循环。福尔曼(Jason Fulman)给出了一个具有给定循环结构的单峰排列数公式。

最后,让我们解释一下,芒德布罗集在什么意义下是普遍存在的。对于固定的 c,平方与加法程序将 x 变为 $x^2 + c$。当 c 变化时,我们得到一族不同的迭代方案。麦克马伦(Curt McMullen)证明,平面上任何一族映射到本身的函数具有芒德布罗集的所有复杂性,包括开口、分形维度和无穷精细性。当然,这也意味着它包含了所有上面所说的吉尔布雷思排列。限于本页篇幅,在此不再介绍麦克马伦定理的详尽版本。

我们知道吉尔布雷思原理有两个魔术以外的应用。1987 年,数学家德布鲁因(第二至四章都提到过他)发表了"弹洗纸牌魔术及其与准晶体理论之关系"一文。其中所说的准晶体即彭罗斯瓷砖。它们是以非周期方式镶嵌平面的两种图形(见图 5.8 和图 5.9)。关于它们的迷人故事,详见西尼切尔(Marjorie Senechal)所著的《准晶体与几何》，或更容易理解的数学家拉丁（Charles Radin）所著的《数英里长的瓷砖》。最容易理解的则是加德纳（Martin Gardner）所著的《从彭罗斯瓷砖到陷门密码》。

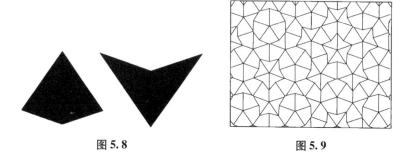

图 5.8　　　　　　　　　　图 5.9

来点魔术

德布鲁因指出，吉尔布雷思原理可以帮助我们理解关于彭罗斯瓷砖性质的一些重要事实。研究过程中，德布鲁因对吉尔布雷思第一原理作了如下拓展。在开始之前，将牌分组，把所有梅花、所有红心、所有黑桃和所有方块分别放在一起。将黑桃和方块交替放置（SDSD…，S 代表黑桃，D 代表方块），得到一叠 26 张牌；再将红心和梅花交替放置（HCHC…，H 代表红心，C 代表梅花），得到另一叠 26 张牌。若将两叠牌弹洗在一起，则由前文可知，每两张连续的牌都包含一红一黑。然而，若将两叠牌放在一起，任意切整副 52 张牌，则上述结果就不一定出现。而德布鲁因的"拓展"是允许任意切牌的。他证明，要么每两张连续的牌包含一红一黑，要么每两张连续的牌包含一张高花（红心或黑桃）和一张低花（梅花或方块）。经过适当的排列，高/低花可替换成奇/偶点数或大/小点数，这两种情况更适合于魔术表演。

德布鲁因的拓展已超出吉尔布雷思原理的范畴。根据我们的定理，怎么可能这样呢？德布鲁因增加了一个额外的限制条件（切下来的牌数不是任选的),但他最终还是获得了自由——一次自由切牌。我们试图将德布鲁因的拓展与我们的终极原理相结合,这种结合成了考察进展何以发生的漂亮例子。

纸牌魔术以外的第二个应用是计算机的排序算法设计。大容量文件常常存储于外部磁盘中。好几张盘可以同时一起读。斯坦福大学计算机科学家高德纳运用吉尔布雷思原理开发了"改良版超级块条带化"技术,这种技术允许分布在磁盘上的两个或更多个文件彼此兼容而不相互冲突(换言之,需要在同一张盘上同时读取两个不同块)。高德纳在其里程碑式的系列著作《计算机程序设计艺术》中对此给出了解释。斯坦福大学计算机科学系藏有高德纳关于超级块条带化技术演讲的录像。

若干证明 我们按照承诺对上文中的一些定理给出证明。为什么 N 张牌存在 2^{N-1} 种吉尔布雷思洗牌法?任选一个集合 $\{2, 3, \cdots, N\}$ 的子集 $S = \{s_1, s_2, \cdots, s_j\}$。现在,我们来构造吉尔布雷思排列:将 j 放在位置 1,$j-1$ 放在位置 s_1,$j-2$ 放在位置 s_2,等等。将大于 j 的数按递增顺序放在集合 S 以外的那些位置上。显然,所有吉尔布雷思排列都可以按照这种方式唯一地构造出来。由于 S 的选法只有 2^{N-1} 种,故所要证明的结论成立。

以下是对"吉尔布雷思终极原理中的四个性质全部等价"的证明。论证方法是初等的,但不容易发现。该证明是如何从纸牌魔术中产生数学问题的佳例。

证明 对于 a 的某个值,经吉尔布雷思洗牌后,最上面 j 张牌构成区间 $\{a, a+1, \cdots, a+j-1\}$ 或 $\{a, a-1, \cdots, a-(j-1)\}$。于是,它们是由模 j 的所有不同值构成的。因此,从性质 1 可推出性质 2。可以证明,若对于所有 j,排列 π 满足性质 2,则 π 也满足性质3。假设 π 满足性质2。显然，第一组块中的各项是不同的。但最上面 $2j$ 张牌也是对模 $2j$ 不同余的，且恰好由模 j 的每个不同值的两倍组成。由于最上面 j 张牌由模 j 的每一个值构成，因此，$\pi(j+1),\pi(j+2),\cdots,\pi(2j)$ 必是对模 j 不同余的。由此又可推出，$\pi(2j+1),\pi(2j+2),\cdots,\pi(3j)$ 也是对模 j 不同余的，等等。显然，从性质3可以推出性质2，故性质2和性质3是等价的。

为证明性质2可推出性质1，注意到，由性质2可知，最上面 j 张牌构成一个值的区间。假设最上面一张牌（即 $\pi(1)$）为 k，则下一张牌必为 $k+1$ 或 $k-1$。因为，若它是 $k\pm d(d>1)$，则最上面 d 张牌就不会对模 d 不同余了。假设最上面 $j+1$ 张牌为 $a,a+1,\cdots,a+j$。如果下一张牌不是 $a-1$ 或 $a+j+1$，而是 $a+j+d(d>1)$，则对模 d 就会再次产生矛盾。

最后，由 π 的这一"区间"性质可知，它可以分解成 $k+1,k+2,\cdots,n$ 和 $k,k-1,\cdots,1$ 两条链。因此，会按顺序排列。若最上面一张牌为 k，则下一张牌必为 $k+1$ 或 $k-1$。每个增加区间上限的值放进第一条链，每个减少区间下限的值放进第二条链。对于这样的区间，由于递增的值进一步出现在 π 中，故所构造的两条链满足要求。证毕（耶！）。

进一步的评注

1. 两条链的分解并不唯一。如果发掉 k 张牌，洗牌时，将第 $k+1$ 张牌放在第 k 张牌之上，则不可能将该顺序与被发掉的第 $k+1$ 张牌区分开来。

2. 如果不发牌，我们也可以代之以切牌并取出其中 k 张牌，使其正面朝上，然后将两叠牌洗成一叠。

3. 最后一个数学细节：在本章开头，我们试探性地计算过 $2N$

张彻底洗过的牌中,每两张连牌含有一红一黑的概率大小。初步尝试表明,当 N 很大时,选出的每两张牌大致彼此独立,含一红一黑(不计顺序)的概率为 $\frac{1}{2}$。由此可得,每两张连牌均含有一红一黑的概率为 $\frac{1}{2^N}$。然而,我们所考虑的事件实际上并非相互独立。特别是,如果我们始于含 N 张红牌和 N 张黑牌的洗好的一副牌,则选择好第一张牌后,下一张牌和第一张牌不同色的概率略大于 $\frac{1}{2}$。毕竟,余下的牌中,只有 $N-1$ 张牌与第一张同色,而具有相反颜色的牌却仍有 N 张。对于所选的每两张牌,这种不对等都会发生;当牌数越来越少时,这种不对等就会越来越严重。例如,在 4 张牌($N=2$)的情形,前两张牌含一红一黑的概率为 $\frac{2}{3}$。将所有这些"不对等"情形的概率相乘,得到一副洗好的牌具有想要的性质的概率恰为 $\frac{2^N}{C_{2N}^N}$。再次利用斯特林近似公式可知,这个值约等于 $\frac{\sqrt{\pi N}}{2^N}$。当 $N=26$ 时,这个值为 $1.353\cdots\times10^{-7}$,略小于七百万分之一。

讲点历史

吉尔布雷思第一原理最初以"磁性颜色"魔术的名字出现,于 1958 年 7 月发表在魔术杂志《接环》上。《接环》是美国两个最大的魔术组织之一——国际魔术师协会(the International Brotherhood of Magicians,简称 IBM)的官方出版物。(另一个组织是美国魔术师学会(the Society of American Magicians),简称 SAM。)《接环》自 1923 年开始,每月出版一期。典型内容包括魔术商的广告、魔术历史、谴责揭秘魔术的编者按,以及 IBM 成员提供的大量魔术。你在图书馆里找不到它。由于含有大量魔术信息,它只供魔术师阅读。

回到 1958 年。年轻的吉尔布雷思在杂志上作了如是自我介绍:"我对魔术感兴趣已经有十个年头了。我在加州大学洛杉矶分校主修数学专业。作为一名魔术艺术的支持者,我已发明了超过150 种好魔术,以及许多不那么好的魔术。这里介绍两个,希望你们能采用。"然后,他对今天所说的"吉尔布雷思第一原理"作了简要描述:将一副牌发为两叠,洗牌,揭示每两张连牌颜色相反。

吉尔布雷思的魔术很快被魔术师们看中,并随即产生了变型。在《接环》杂志 1959 年 1 月号上,纸牌魔术专家赫德森和马洛(Edward Marlo)写道:"纸牌魔术中鲜能遇到新原理……长时间以来,吉尔布雷思的'磁性颜色'成了出现在魔术清单中的最受欢迎的纸牌魔术"。8 年后,吉尔布雷思继续扩大影响,在《接环》杂志1966 年 6 月号上引入了他的第二原理。此时,吉尔布雷思是任职于兰德公司的一名专业数学家。在他整个职业生涯里,他一直从事这份工作。这一期《接环》杂志专门介绍吉尔布雷思的魔术,并以他的第二原理作为主题。它收入了第一原理的新应用,以及许多非纸牌魔术。吉尔布雷思后来发表了原魔术的一些变型,包括将红牌和黑牌混合,正面朝上的牌和正面朝下的牌混合等(稍费点力气,就可以在魔术杂志《天才》中找到这些变型)。

1960 年 8 月,魔术界以外的公众在加德纳《科学美国人》杂志的专栏中了解到了吉尔布雷思原理。他将这篇文章扩充为一章,收入他的《数学新娱乐》一书。新报道和新应用频繁出现于魔术杂志上。1979 年,数学教师、魔术师穆勒(Reinhard Muller)写了一本名为《吉尔布雷思原理》的书。布兰奇(Justin Branch)《纸牌的秘密》第一卷第六章中介绍了它的很多变型。尽管吉尔布雷思终极原理表明了实际上并不存在真正的新原理,但这些变型都成了好魔术。

第六章

基础洗牌法

一些魔术师和一些职业赌徒能把牌洗得很"完美"。所谓的"完美",指的是将牌切成恰好两半,然后将两叠牌弹洗在一起,恰好呈交错排列,如图6.1所示。经过8次完美洗牌,一副52张的牌又回到原来的排列。我们有些朋友能在不到40秒内完成这个过程,并且几乎不用看牌。为了弄明白为何职业赌徒对完美洗牌法如此感兴趣,考虑普通的一副牌,其中4张A放在最上面。经过一次完美洗牌后,4张A在前四个偶数位置(第2、4、6、8位)。经过两次完美洗牌后,4张A在前四个4的倍数位置(第4、8、12、16位)。因此,若发四手牌,则发牌者就能拿到所有4张A了。人们自然会问,将各种洗牌法以不同方式组合,能做些什么呢?是否存在一种方法,从最上面4张为A的牌开始,将洗牌法组合起来,使得在发五手牌时,发牌者依然能拿到所有4张A?虽然上面最后一个问题非常实际,但这却是一个数学问题。当我们拥有更多工具

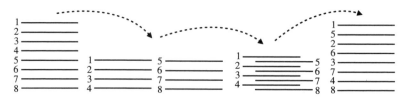

图6.1

之后,会给出该问题的解答。

　真正地完成一次完美洗牌,是超出很多魔术师能力范围的。我们估计,能在不到一分钟之内完成 8 次完美洗牌的人,全世界还不到 100 个。这里,我们不打算教给大家这部分内容(但可参阅第十一章)。另外还有一种易于操作的洗牌法,可用于表演精彩的魔术,且完美洗牌法所具有的数学内涵它也都有。图 6.2 显示的是"逆向完美洗牌法"。实际表演时,其过程如图 6.3 所示。尝试一

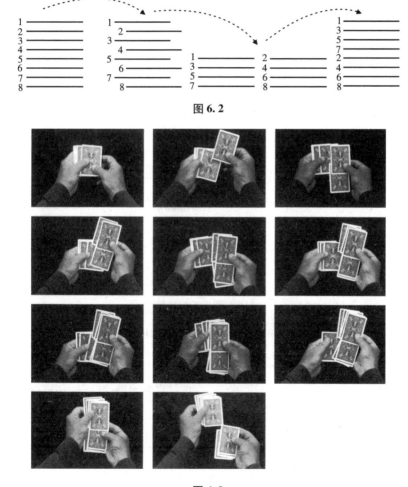

图 6.2

图 6.3

下,取 8 张牌,点数从上到下依次为 1—8(不管花色)。实施三次逆向完美洗牌,每次都确保原来最上面那张牌(1)仍然留在最上面。你会发现,这 8 张牌又回到了一开始的排列 1—8。逆向完美洗牌法背后的数学原理和完美洗牌法完全相同。

完美洗牌法当然算是基础洗牌法。在纸牌魔术中还出现过其他基础洗牌法。发若干叠牌(例如,将 15 张牌发为 3 叠,每叠 5 张),从左到右把各叠牌拿起来放到一起也是一种基础洗牌法。将最上面一张牌发到桌上,第二张牌放到牌叠的最下面,再将下一张牌发到桌上,再下一张牌放到牌叠的最下面,如此依次发牌、放牌,这种洗牌法称为"发一藏一"(或澳洲)洗牌法。把牌从一只手发到另一只手上,从第二张开始,交替将牌放到已发牌叠的最上面和最下面,这种洗牌法称为蒙日洗牌法(见图 6.4)。

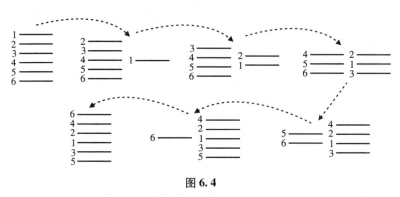

图 6.4

接下来,我们先展示这些基础洗牌法如何应用于一个可靠的魔术。之后,我们对完美洗牌法进行更深入的考察。接着,再讲一下蒙日洗牌法和挤奶洗牌法。最后讨论澳洲洗牌法。自始至终,我们都用纸牌魔术来解释有关理论。本章最后,读者将学习一门介绍纸牌魔术中所用基本洗牌法的研究生课程。我们还将看到,各种不同的洗牌法其实都是同一幅图形的不同部分而已,这幅图展现了数学的力量。

1 读心计算机

取黑桃 A 到黑桃 6、梅花 A 到梅花 6 共 12 张牌,将其重新排列成一叠:黑桃 A 放在最上面,后面依次放黑桃 2,黑桃 3,直到黑桃 6。然后放梅花,顺序与黑桃相反,先放梅花 6,后面依次放梅花 5,梅花 4,直到梅花 A,梅花 A 放在最底下。这样一来,就把牌重新排列成了一种类似"镜像"的顺序。这个魔术可以按你读到的程序来表演——去取这些牌,并完成排序! 我们俩将表演给你看。

这叠牌将充当计算机的角色。你需要输入一些信息。心里想一个很小的数,如 2、3 或 4。将 12 张牌发为若干堆,堆数等于这个数,正面朝下、自右向左发牌,置于桌上。然后依次取牌(从左到右取,或从右到左取),叠放成一堆。重复一遍以上过程——心里想另一个很小的数作为堆数,发若干叠牌,再重新叠放成一堆。

下一步需要实施前面解释过的逆向完美洗牌法。正面朝下握牌,就像要发牌的样子。将整叠牌交替叠放,如图 6.3 所示。

叠放完毕,取出位于前面的一叠牌,将它们放在上面。这种洗牌方法就是逆向完美洗牌法。隔张取牌,将取出的半叠牌放在上面。

这叠牌追踪着你输入的信息。现在决定你是否还要洗牌,若要,决定如何洗(再实施一次逆向完美洗牌,或再次将牌发成 2、3 或 4 堆,然后依次叠在一起)。做你想做的。洗牌完毕后,通过实施蒙日洗牌法告知计算机。做法是,以准备发牌的样子握牌。用下述方式将牌从一只手上发到另一只手上:将最上面的一张牌推到另一只手中。推下一张牌,使其位于(另一只手中)第一张牌的上面;推第三张牌,使其位于(另一只手中)前两张牌的下面;下一张牌放上面,再下一张牌放下面,以此类推,直至发完手中的所有牌。

看一下牌,现在它们混合成了一种无法预测的顺序。接下来,需要你从中选一张牌,并让计算机找到它。

首先,你来选择。以准备发牌的样子正面朝下握牌。每次移一张牌到最底下。在你希望的位置停下。最上面一张牌就是你的选择。正面朝下,将它发到一边。计算机将通过排除程序得出你所选的那张牌。

最后这个排除阶段使用的是澳洲洗牌法。每次排除一张牌,直至剩下最后一张。具体过程如下:以准备发牌的样子正面朝下握好 11 张牌。将最上面一张牌发到桌上(不同于你所选的那张牌的地方),将下一张牌移到最下面。再将下一张牌发到桌上,然后将下一张牌移到最下面,以此类推。每次排除一张牌,直到手上剩下最后一张牌。

你已从一叠混合的牌中随机选出一张牌,而余下的牌中又产生了一张牌,这两张牌的点数是相同的——如黑桃 2 和梅花 2。马上看一看!

何以成功

粗略地说,本魔术的原理如下。这一小叠牌一开始是按照点数相同的一对牌关于中心对称的方式排列的。于是,最上面一张牌和最下面一张牌相匹配,上面第二张牌和倒数第二张牌相匹配,等等。正中间的两张牌(第六张和第七张)配成一对。魔术师们将这种对称排列称为"保留牌叠"。

第一个概念是:各种洗牌法都保留了中心对称。为理解这一点,重新将牌理成原始的顺序,翻成正面朝上,并分发成若干小叠。将各小叠依次收起来。整个牌叠保留了对称性。经过逆向完美洗牌,结果也是如此。下面我们会介绍其他一些保留对称性的洗牌法。

洗牌结束后,观众并不知道牌叠仍旧保留了对称性。接下来实施的是蒙日洗牌法,两两配对的牌彼此相距为六。现在牌叠具有另一种对称性。这种排列可以任意切牌,而不改变隔六配对的事实。

到现在为止,牌的数目(12 张)始终无关紧要。我们所利用的所有性质都可以推广到任何(偶数)数目的初始保留牌叠。最后的"发一藏一"洗牌阶段原理如下。反复将牌从顶上移到底下,结果与任意切牌一样。当最上面那张牌被选中拿走后,与它配对的那张牌位于剩下的 11 张牌的正中间。对这 11 张牌施以"发一藏一"的排除程序,最后剩下的就是正中间的那张牌。这最后的阶段也适用于 4、12、44、172……张牌的情形,其中第 1 项为 4,第 k 项由前一项加上 2^{2k-1} 得到。12 是可以实施过得去的魔术的最小牌数。

魔术细节

1. 首先,所选的牌不必从 A 到 6。最好任意选择 6 对匹配的牌,如两张红色的 K,两张黑色的 A,等等。一开始,你可以通过"我像计算机一样对这些牌进行编程"之类的解释,排除掉刻意选牌的疑问。

2. 为了向读者解释这个魔术,我们得让读者来参与完成所有步骤。开始阶段的洗牌与蒙日洗牌最好由表演者来操作,这会让魔术进行得更快。当众清楚地演示如何将牌从上移到下后,将牌递给一位观众,让他选取其中一张。当他选牌的时候,我们转过身去,等他选好后我们再转回来,让这位观众表演最后的"发一藏一"阶段。结尾部分需要做一些解释,以增强魔术效果,比如说:"你在洗好的一叠牌中随机选择了一张。现在,扑克牌要作出回应了。如果我们运气够好,牌叠会选出最接近于你的选择的一张牌。每张牌都有一张与之配对的牌——红心 K 和方块 K,黑桃 10 和梅花10,等等。请把你所选的牌翻开——啊哈,是红心 9。如果我们运气够好,牌叠中将产生与之匹配的方块 9——你能把它翻开吗?"

3. 正如我们一开始所解释的那样,每次可将牌发成 2、3 或 4叠。事实上,可发的叠数可以是 2 到 12 之间的任意数,依次收起后保留中心对称性。这是一个新视角,本书中首次对此做出解释。以下我们对发成 5 叠的情形做下解释。不妨从右到左发牌。从左到右依次收牌,但把最后一叠牌放在前 4 叠的下面。

对于 6 张牌的情形,并不需要特定的收牌顺序(从左到右、从右到左均可)。对于 7—11 张牌的情形,也都存在一种收牌顺序,可保留中心对称排列,细节留给观众去检验。经过若干次练习之后,你可以快速表演收牌,看上去就像是随机收牌一样。也可以不问牌叠数,而是问观众的姓氏,然后根据姓氏的字母数来决定发几叠。例如,若观众姓"Helga",则将牌发成 5 叠。这种个性化的处理,可以在发牌时消除数学因素的影响。

4. 我们经常使用的一个有效策略使得本魔术立即能够重复表

演。在魔术的最后阶段,2 张配对的牌正面朝上,10 张"被丢弃的牌"正面朝下。看似随意地拿起这 10 张牌,将底下的 3 张牌颠倒次序后移到最上面。然后拿起两张配对的牌,一张放最上面,一张放最下面。你可以从头开始重复上述过程。

5. 上面我们介绍的是利用扑克牌来表演魔术。但该魔术有很多种呈现方式。其中一种方式采用了埃尔姆斯利的建议。使用 12 张空白牌(类似索引卡),写上一些历史上著名情人的名字,如安东尼与克娄巴特拉、罗密欧与朱丽叶、泰勒与伯顿等等,一张牌上只有一个名字。一开始,每对名字放在一起。出示各对恋人的名字后,实施蒙日洗牌法(上、下、上、下……)"将各对恋人拆散"。然后按前面所介绍的方法来表演魔术。有一位表演者准备了一打照片来进行表演。

另一种不同的呈现方式是在牌上写一些互相对立的名称,如天堂与地狱、魔鬼与天使等等。

6. 采用不同的呈现方式,所需牌的数目自然也可以不同。上面使用 12 张牌时,最后的排除阶段剩下的是正中间的那张牌。"发一藏一"洗牌法可以有很多变化形式。例如,在 16 张牌的情形,一开始可以发成两手牌,然后拿起发牌者自己的一手牌,并再次将其发成两手,等等。最后剩下的一张牌就是原来从上到下的第八张牌。

7. 弗农(Dai Vernon, 1894—1992)可能是 20 世纪手法最灵巧的魔术师,他很喜爱这个魔术,并想出了一种绝妙的结尾。这不但提高了魔术的品味,使它脱离即兴作品之列,而且也让它成了重量级的魔术。弗农的想法显示,最后匹配的一对牌是预先注定的。由于最后一对牌可以是 6 对中的任何一对,因此必须有 6 种不同的结尾,最好能留给表演者自己来选择。想象中它可以是这样的:在揭示匹配的一对牌后,表演者手握一个密封的信封,里面的预测明确指出,被选中的一对牌将是黑桃9和梅花9。当然,预测也可以放置于表演者的一个口袋或钱包等等。若预测始终都能被大家看见,则更佳。例如,"我预测到这必定会发生——请您站起来,检查一下椅子底部。我在表演之前,绑了个信封在那儿……"

8. 杰出的芝加哥纸牌魔术师马洛在来信中提出了一种变化形式。一开始,由一位观众切 12 张牌,然后将最上面的牌移到最下面,按观众要求在某一时刻停下来。取最上面那张牌(即观众所选的牌),将它置于一旁。用"发一藏一"洗牌法来处理余下的牌,直至剩下最后一张牌。将这张牌放到前面所选的那张牌上面,余下10 张牌。表演者现在"效仿观众的做法",将最上面的牌移到最下面,移 5 张牌后停下来。取出下一张牌,置于一旁。最后,用排除法来处理剩下的 9 张牌:先将最上面的一张牌移到最下面,丢掉下一张牌,以此类推,最后剩下一张牌,将它置于一旁。翻开选出的 4 张牌,发现它们是同点数的牌。

若原来的 12 张牌由 3 种点数组成,每种 4 张牌,如 4 张 A,4 张 2 和 4 张 Q。它们的排列顺序是:

A Q 2 A Q 2 A Q 2 A Q 2。

除了有两次选择外,该变化形式在排除前面洗牌方式的疑问方面也是不同的。这对能够使用一些巧妙手法作替换的人来说,应该是件好事。可以有机会实施某些使得上述顺序保持不变的洗牌法。比如,可利用逆向完美洗牌法将扑克牌发成 3 堆;也可发成 5 堆,并按 13524 的顺序将牌收起来。最后一种巧妙方法是由加利福尼亚纸牌魔术师佩吉(Bob Page)发现的,可以进一步推广。

讲点历史

上文所描述的魔术在 20 多年后才逐渐定型。它始于魔术师威瑟(Bob Veeser)向马洛提出的一个问题。马洛用灵巧的手法给出了这个问题的初步解答,并于 1967 年 11 月在美国魔术杂志《顶级》上发表了一个版本。读了这个版本后,我们将它改编为上文所介绍的那个不需要灵巧手法的新版本,并于当月寄给了马洛。魔术师们有一个十分活跃的网络。一个月尚未结束,马洛就将上文介绍的"四张同点数"版本的魔术寄回给了我们。从那时起,我们就一直热衷于表演这个魔术,并设计出若干变型。

魔术是个以秘密为核心的世界。我们曾将该秘密透露给一个无赖,他又将其传达给了多产作家福尔斯。福尔斯在其写给大众看的《魔术书》中(没有经过允许)运用了马洛的版本。福尔斯因未经允许或授权而发表一些魔术师十分珍爱的秘密,惹怒了一些魔术师。当然,这也说明他的书中确实含有一些好魔术。

2 完美洗牌法分析

1954 年，我们在自己的学校介绍了完美洗牌法的数学原理，并在纽约的魔术商店周围展示。我们遇到了从英国来美国访问的年轻聪明的魔术发明家埃尔姆斯利。他告诉我们，有两种完美洗牌法——"外洗法"和"内洗法"。外洗法将原来最上面的一张牌保留在最上面；内洗法先将牌平分成两叠，然后实施完美洗牌法，将原来的最上面的一张牌洗到第二张的位置。两种洗牌法是相似的，但你会发现，8 张牌经过 6 次内洗后才出现循环（而外洗法则只需要 3 次）。52 张牌经过 52 次内洗后才出现循环。说来有点难为情，我们是通过实际洗牌才发现这一结果的。不需要借助灵巧手法就能容易地发现，对应于原来最上面一张牌是否放到最上面，也存在两种逆向完美洗牌法（见图 6.5）。

埃尔姆斯利发现，将内洗法和外洗法组合起来，可获得惊人的

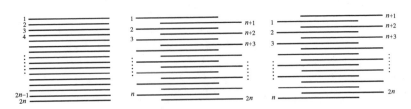

图 6.5　2n 张牌的外洗法和内洗法

效果。例如,经过一系列的洗牌,将最上面一张牌洗到给定位置(如第13张)对魔术师来说非常有用。总是能做到这一点吗?若能,该怎么做?以下就是他的做法。将最终位置减去1(即13 - 1 = 12)。将所得结果以0和1的形式表示成二进制(即12 = 1100)。从左到右,把1看作内洗法,把0看作外洗法。按此顺序洗牌,即可达到目的(内洗,内洗,外洗,外洗,即可将最上面一张牌移至第13张的位置)。这是你的作者团队中的13岁成员对二进制算术的介绍。看起来和魔术本身一样奇妙。

人们自然要问:利用两种完美洗牌法究竟能做(或不能做)什么?任何一种排列都能实现吗?我们能通过洗牌,将原来最上面的4张A分别移到位置5、10、15、20吗(这样,若发5手牌,则四张A就全部落到发牌者手里了)?

我们与俄勒冈大学数学教授坎特(William Kantor)合作解决了这个问题。我们仨埋头苦干了几个月时间。为了解释这个结果,我们需要用到中心对称排列的思想(上一节亦有介绍)。考虑8张牌的排列:A B C D D C B A。两张A关于中心对称(最上面一张,最下面一张)。类似地,两张B、两张C和两张D也关于中心对称。对于一副52张牌来说,最上面一张和最下面一张,上面第二张和下面第二张,直至正中间的两张(第26和27张),均关于中心对称。费城的警察杜克(J. Russell Duck,笔名Rusduck)发现内洗法和外洗法都具有以下不变性。就是他创用了"保留牌叠"一词。(顺便提一下,他还创办了第一份魔术期刊《纸牌大师》,专门介绍纸牌魔术。)无论实施两种洗牌法中的哪一种,中心对称的牌对保持对称性质不变。例如,考虑原来在最上面和最下面的这两张牌。经过任意顺序的内洗和外洗之后,它们必定占据中心对称的两个位置。一开始关于中心对称的其他任一对牌也是如此。

　　我们研究内洗法和外洗法的可能结果的原因之一是想看看是否还存在其他有用的不变量。到目前为止,我们所知道的是只有保持中心对称不变的重排是可以接受的。由此可知,并不存在某个顺序的内洗法和外洗法,可以使最上面两张牌调换了位置,而其他牌却保持不变。(实际上存在一个例外。读者能看出是什么例外吗?)

　　我们研究发现,大体上说,魔术师们已经找到了所有隐藏的对称性。对张数为 2 的幂(如 8 或 32)的扑克牌,还有额外的对称性(有很多!),但除了这些以及 24 张牌或少于 24 张牌的少数例外情形,内洗法和外洗法所保留的唯一模式便是"保留牌叠"和简单地用因数 2(或用因数 4,当全排列和对偶排列同时起作用时,就用因数 4)来分割的奇偶性。现在,假设牌数为 52,60,68……,此时并不需要考虑奇偶性,唯一保留下来的是杜克的中心对称排列。任何符合中心对称的排列均可由一系列内洗和外洗得到。特别是,考虑一副 52 张牌,且其中 4 张 A 位于最上面的情形。前面我们问过,在发五手牌的游戏中,是否存在某种洗牌法,能使 4 张 A 都落到发牌者手中,即分别将 4 张 A 放在位置 5、10、15 和 20 上。由于有很多种方法可以实现这种符合中心对称的排列,因此,利用内洗法和外洗法,确实存在某种方式可以获得这种排列。我们甚至可以让四张 A 按已知的顺序出现。需要指出的是,我们现在还不知道该采用什么顺序的内洗和外洗法,甚至也不知道洗牌的最少次数是多少。

　　那些希望更深入地研究完美洗牌法的人可以去看莫里斯(S. Brent Morris)的《魔术、洗牌和计算机动态记忆》。该书介绍了有关历史,讲授了完美洗牌法,以及更多的魔术。书中还包括了计算机硬件和软件设计方面的进一步应用。

为说明该领域至今依然活跃,以下我们叙述一些最新的突破性工作。考虑以下逆问题:需要何种顺序的洗牌法,方能将给定牌移到最上面?该问题由埃尔姆斯利于 1958 年提出,似乎并没有什么好的解决办法。实际操作中总是能实现,但是洗牌顺序取决于牌的数目,具体方式似乎不得而知。事实上,魔术师们可以买一本列出不同牌数所需模式的书籍。该逆问题的一个特例出现于牌数为 2 的幂时的情形(如 8 张牌或 32 张牌)中。思温福德(Paul Swinford)是辛辛那提的纸牌魔术师,他发现,对于这种牌数,若通过某种洗牌顺序,能将最上面一张牌移到给定位置,则该顺序也能将该位置上的牌移到最上面。

不过,计算机科学家拉姆纳斯(S. Ramnath)和史卡利(D. Scully)最近发现了一个解答。这里我们用自己的语言来介绍一下他们的做法。以下介绍可能显得有些晦涩。更多细节可参阅我们的论文"埃尔姆斯利问题的解答"。假定我们始于一叠 $2n$ 张牌,分别将它们的初始位置记为 $0, 1, \cdots, 2n-1$(即最上面一张牌的位置为 0)。为了确定能将位置 p 处的牌移到最上面的那种洗牌顺序,执行如下操作。首先,设整数 r 满足 $2^{r-1} < 2n \leqslant 2^r$。若 $p = 0$,则无需做任何事情;若 $p = 2n - 1$,则只要进行 r 次内洗就可以达到目的。因此,可以假定 $0 < p < 2n - 1$。其次,设 t 为不超过 $\dfrac{2^r(p+1)}{2n}$ 的最大整数,并将其表示为二进制:$t = t_1 t_2 \cdots t_r$。接下来,设 $s = s_1 s_2 \cdots s_r$ 是 $2nt$ 表示为二进制时的最后 r 位数。最后,设 $u_i = s_i + t_i$,其中的加法采用取模 2 运算,构造二进制序列 $u = u_1 u_2 \cdots u_r$。于是,$u_1 u_2 \cdots u_r$

从左到右的顺序即为所求的洗牌顺序,其中 0 为外洗法,1 为内洗法。

举个例子。设牌数为 $2n = 52$,要将第 37 张牌移到最上面来。此时,由于 $2^5 < 52 \leqslant 2^6$,故 $r = 6$。又因为 $64 \times \dfrac{38}{52} = 46 + \dfrac{10}{13}$,故 $t = 46$,表示为二进制,即为 101110。再将 52×46 表示为二进制,得 100101011000,最后 6 位是 011000。于是,取模 2 的和为 110110。故所求的洗牌顺序为 I I O I I O(内,内,外,内,内,外)。注意到最后一次洗牌是多余的。必须承认,实际表演时上述计算不易完成。或许,读者可以找到更简单的方式来解释它,甚至可以找到更好的方法来产生所需的洗牌顺序。

蒙日洗牌法和挤奶洗牌法分析

蒙日洗牌法(或称为上下洗牌法)是依次将牌放在最上面和最下面的洗牌法(见图6.6)。即先将最上面一张牌放到另一只手上,

图6.6

再将第 2 张牌放到这张牌的上面,将第 3 张牌放到这两张牌的下面,以此类推。例如,8 张牌从上到下的顺序为 1、2、3、4、5、6、7、8,经过一次蒙日洗牌后,从上到下的顺序变成了 8、6、4、2、1、3、5、7。还有一种"向下"蒙日洗牌法:先将最上面一张牌放到另一只手上,再将第 2 张牌放到这张牌的下面,将第 3 张牌放到前两张牌的上面,以此类推。刚才那 8 张牌在经过一次"向下"蒙日洗牌后,顺序变成了 7、5、3、1、2、4、6、8。挤奶洗牌法(也叫克隆迪克洗牌法)则是依次取出牌叠最上面一张牌和最下面一张牌,并将这些牌对在桌上叠成一堆,就像"挤过奶"一样。刚才那 8 张牌经过一次挤奶洗牌后,顺序变成了 4、5、3、6、2、7、1、8。

这两种洗牌法是互逆的。一副牌,先用挤奶洗牌法来洗,再用向下蒙日洗牌法来洗(或过程反过来),其顺序保持不变。这就意味着挤奶洗牌法和蒙日洗牌法具有很多共同的性质,如周期和顺序。

蒙日洗牌法经常用来对一副牌进行重新排序。例如,如果一开始牌是配对排列的(如最上面是两张红 Q,紧接着是两张黑 7,等等),则用蒙日洗牌法洗一次之后,它们变成了镜像对称(或者说中心对称)排列 Q、7、…、7、Q。再用蒙日洗牌法洗一次,它们又变成了平行排列,即原来配对的两张牌间隔半副牌。我们的计算机读心术就是这样一个魔术,它将镜像排列切换到了平行排列。

蒙日(Gaspard Monge,1746—1818)是 18 世纪的几何学家,如今主要因"蒙日锥"而被世人铭记。"蒙日锥"是与偏微分方程相关的几何对象。1773 年,蒙日给出了上述洗牌法的基本数学原理。

挤奶洗牌法亦可用于魔术。蒙日洗牌法和挤奶洗牌法相结合的早期纸牌魔术例子出现于 1726 年出版的一本未署名著作《现代游戏艺术与秘密大全》中。作者一开始将 52 张牌分成四部分,每一部分同花色,按从 A 到 K 的顺序排列。最上面 13 张牌按上/下洗牌法来洗,然后放到桌上;接下来的 13 张牌也用澳洲洗牌法来洗,再放到桌上,以此类推。按任何顺序将 4 叠 13 张牌收起来。接着,用挤奶洗牌法洗整副牌。可以反复切牌。最后所得的排列可以保证让你赢得法罗游戏。法罗游戏在 1750—1850 年的流行程度一如我们今天的 21 点。玩家选择某个点数,然后成对发牌。如果一对牌中第一张牌的点数和所选点数相同,玩家就算赢;如果一对牌中第二张牌的点数和所选点数相同,玩家就算输。如果两张牌的点数都和所选点数相同,则庄家拿走一半的赌注。玩家可以对任何点数的赢(或输)下注。若小心地按上述方法来洗牌,则每一个点数的输赢交替出现。因为切牌之后,玩家无法预测何时会出现所选点数,但是一旦出现了所选点数,若第一次是赢,则接下来一次是输,再下一次是赢,最后一次是输。由于任何时候都可以下注,内行的玩家就可以和发牌者串通起来赢钱。

很容易得出洗牌顺序公式(即一副牌需洗几次才能回到原序)以及用牛奶洗牌法或蒙日洗牌法洗一次之后最上面一张牌所处位置的公式。不过,根据下面将要解释的有关完美洗牌法的性质,我们同样能得到这些公式。

"发一藏一"洗牌法分析

"发一藏一"洗牌法是一种常见的淘汰法,该方法可以上溯到古罗马历史学家约瑟夫斯(Flavius Josephus)。用雏菊花瓣玩"他/她爱我,他/她不爱我"的游戏打动了我们所有人。它的最简单的形式是:n 张牌,将最上面那张牌发到桌上,然后把下一张牌放到牌叠的最下面,下一张牌发到桌子上,下一张牌放到最下面,以此类推,直到只剩下一张牌(见图 6.7)。

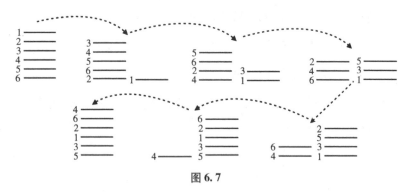

图 6.7

"最后会剩下哪张牌?"这个问题的答案很容易:从 n 中减去不超过 n 的 2 的最高次幂,再将所得结果乘以 2。例如,当 $n=12$ 时,不超过 12 的 2 的最高次幂为 8,12 − 8 = 4,4 × 2 = 8。因此,在本例中,最后剩下的一张牌就是原来处在第 8 位的牌。

还有很多好魔术,可以将选定的牌移到指定位置。以下是其中之一。让观众洗 2^n 张牌,将其中部分牌交替发成张数相等的两叠,置于桌上。观众可以选择桌上的任何一叠或自己手中剩下的那叠。若选的是桌上的一叠,请观众看看手上剩下那叠牌中最底下的那张牌(并记住它),然后将这叠牌放到所选的那叠牌的上面,丢弃剩下的另一叠牌。对组合后的牌叠实施"发一藏一"洗牌法,最后留在手上的那张牌就是观众所选的牌(见图6.8)。若所选的不是桌上的两叠牌,则请观众看看手上那叠牌中最底下的那张牌,并将这叠牌放到桌上任何一叠牌的上面,然后对组合后的牌叠实施"发一藏一"洗牌法。这是个拙劣的魔术,过程平淡无奇。读者

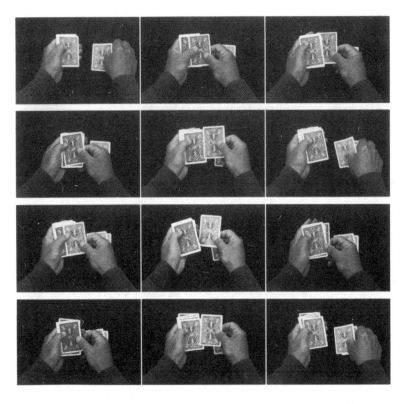

图6.8 "发一藏一"洗牌法的操作

能对它进行一些包装,使其更适合表演吗?

在佳作《数学问题》中,赫斯坦(Herstein)和卡帕兰斯基(Kaplansky)对"发一藏一"洗牌法的数学进展及历史作了更详尽的介绍。它与完美洗牌法之间的关联将在下一节展开讨论。

⟲5 所有洗牌法都是相关的

到目前为止,我们已介绍了内洗法和外洗法、逆向内洗法和逆向外洗法、蒙日洗牌法、挤奶洗牌法、"发一藏一"洗牌法。当然,外洗法和逆向外洗法之间存在天然的对应关系,若用完美外洗法洗一次牌,再用逆向完美外洗法洗一次牌,则牌会回到原来的顺序。这两种洗牌法是互逆的。这就意味着,重复外洗法的性质可以从重复逆向外洗法中直接推出来。事实上,如果一副牌经过 K 次外洗后开始循环,则经过 M 次外洗后牌的排列与经过 $K-M$ 次逆向外洗后牌的排列是一样的。对于 52 张牌,经过 8 次外洗会出现循环,故 $K=8$。因此,经过 2 次外洗后所得的牌序与经过 6 次逆向外洗后所得的牌序是一样的。

内洗法和外洗法的关系也很简单:经过一次外洗,最上面一张牌和最下面一张牌依然位于最上面和最下面(这是显然的),而余下的牌的变化情况与用内洗法洗一叠少两张的牌的结果是一样的。因此,重复内洗法的性质完全决定于重复外洗法的性质。例如,50 张牌经过 8 次内洗后出现循环。

完美洗牌法、蒙日洗牌法(上,下,上,下……)及它们的逆向洗牌法,还有挤奶洗牌法(上面已做过解释),它们之间的关系更为微妙,但仍算容易。敏感的读者可能已经注意到,有两种蒙日洗牌法——发好最上面一张牌后,第2张牌可以发到它的上面(然后按下、上、下、上……的顺序相继发牌),这叫"向上"洗牌法;另一种情形是,在发好最上面一张牌后,第2张牌发到它的下面(然后按上、下、上、下……的顺序相继发牌),这叫"向下"洗牌法。读者能简单描述一下逆向"向下"洗牌法吗?

表面上看,蒙日洗牌法、挤奶洗牌法与内洗法、外洗法迥然不同。它们之间的关联如下(这是普林斯顿大学数学家康威(John Conway)告诉我们的):用外洗法洗牌一次后,中心对称的一对牌(最上面一张和最下面一张,上面第2张和下面第2张,等等)仍保持中心对称,但它们之间的相对位置却发生了改变。例如,有 12 张牌,排列成 ABCDEFFEDCBA,外洗一次,变成 AFBECDDCEBFA。由于上半部分的牌确定了下半部分的牌,我们只要研究上半部分的变换情况就可以知道各对牌的置换情况了,上半部分的变换如下:

$$ABCDEF \rightarrow AFBECD$$

这刚好就是在牌正面朝上的情形(此时牌 F 一开始位于最上面)下用挤奶洗牌法洗一次的结果。这一切意味着,蒙日洗牌法和挤奶洗牌法的性质与外洗法的性质是等价的。这表明,对蒙日洗牌法长达 200 多年的研究所发现的模式和计算方法,同样适用于外洗法;当内洗法和外洗法相结合时,我们的定理确定了所有可能的排列,同样,当两种蒙日洗牌法相结合时,我们的定理也确定了所有可能的排列。

完美洗牌法和"发一藏一"洗牌法之间的联系要隐藏得更深一些,它是由法国杰出的概率论专家勒维(Paul Levy)发现的。在孩提时代,他曾卧病在床好几个星期,靠玩简单的纸牌魔术聊以自慰。多年以后,当他年迈卧床时,他再次用简单的洗牌法来娱乐周围的人。他发现,若 $2n-1$ 能整除形如 2^t+1 的数,则 n 张牌的"发一藏一"洗牌法的结构与挤奶洗牌法的结构是一样的。结构(严格来说,是循环结构)的定义将会离题太远,但"相同的结构"意味着对牌重新作标记后,两个排列是相同的。特别是,使整副牌回到原序所需要的重复次数是相同的。例如,用挤奶洗牌法来洗 5 张牌与用"发一藏一"洗牌法来洗 5 张牌,都能使其中两张牌的位置保持不变,而使另外三张牌的位置产生循环。特别是,重复洗三次后,都能回到原序。这里,$2n-1=9$,可整除 2^3+1。对于牌数更一般的情形,我们还不知道"发一藏一"洗牌法和完美洗牌法之间是否存在联系。

最后,我们注意到有很多可能的变化形式。例如,盖尔(John Gale)的《知识之秘》是一本早期的魔术书,书中提供了一批基于一个洗牌法的魔术和赌博的例子。那个洗牌法是:从一副牌中取出一组 2 张牌,接着取一组 3 张牌放到上面,再取一组 2 张牌放到下面,这样依次交替取 2 张牌和 3 张牌。盖尔说,n 张牌洗 $n-f$ 次后会出现循环,其中 f 是第一次洗牌后位置保持不变的牌数。就我们所知,盖尔的洗牌法尚未得到进一步的研究。它们有着明显的变化形式,这提示人们,一个崭新的领域正等待着大家去探索。

基础洗牌法是数学与魔术的真正结合。两个方面都有新的发现。表演者必须当心,因为这些魔术与人人讨厌的枯燥乏味的发牌魔术只有一步之遥。我们确信,通过研究,再加上点好运气,必定能挖掘出更多的宝藏。希望读者能发现一些好魔术,并享受数学黏合剂的妙用。

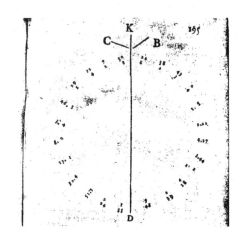

第七章

最古老的数学娱乐?

一个 13 岁的男孩慢慢地推开这家世界上最大的魔术商店的大门。正值下午两点，男孩从学校逃课，乘坐纽约脏兮兮的地铁来到这里。这家商店就是泰南（Louis Tannen）的魔术商店，位于纽约时代广场第 42 大街和第 6 大道的交叉处。泰南的商店可不是那种将酷比狗和塑料垃圾放在橱窗里的普通街边商店，它位于沃利策大厦的第 12 层。你要事先知道这个商店才能找到入口。这是乏味的一天，不过几个店员还是抬头露出了笑脸。他们中有人高马大的曼尼·卡劳特（Manny Kraut），他的胖手能变出最精美的纸牌魔术。还有一个是已经退休的哈利·德雷林格（Harry Drillenger），他常为歌舞杂耍弹奏音乐。他喜欢耍弄纸牌魔术，并教了一些给那个男孩。有一次，当纸牌意外掉落到地板上时，哈利将它们一张张捡起来，用他常戴的丝巾仔细地把它们擦干净。他告诫男孩："牌是不喜欢掉落的。"

店老板走出来，看看是谁进商场了。他就是泰南本人，一个满头红发、眨巴着眼睛的小精灵。他在表演魔术时，会轻轻地吹起口哨。"嗨，我有点东西给你，"泰南对男孩说。男孩很高兴被认出，他腼腆地来到柜台前。"你是我们最好的年轻魔术师，"泰南说，

"我们要给你一个奖励。"他拿出一张崭新的 5 美元钞票说："喜欢什么你就买。"对于男孩来说,5 美元可不是小数目。坐一趟地铁只需要 15 美分,有时男孩手头的钱不够,就不得不从第 42 大街走到第 200 大街。

男孩睁大眼睛在商场里四处看。他看到了水晶盒,印有汉字的淡黄色管子,他看到了数以千计的东西。柜台后面是书,详尽解释魔术秘密的书。刚好剩下一套神奇的魔术书。希利亚德(John Northern Hilliard)的《大魔术》乃是迄今为止篇幅最大、最深刻的鸿篇巨著。出版商将其分为五册,希望能卖得更好。这并不奏效,在泰南的商店里,每册书卖 2 美元。过了很长一段时间,男孩问:"我能买《大魔术》吗?"泰南目光犀利。他知道男孩没有更多的钱,报价说:"好吧,8 美元卖给你。"男孩低下头;他还差 3 美元。"哦,过去把它们拿走吧,"泰南生硬地说,他将宝贝递给男孩,又把 5 美元放进口袋。哈利和曼尼都笑了。

它们真的是宝贝!希利亚德曾是一名报社记者,后来成为当时美国最大的魔术表演——瑟斯顿(Howard Thurston)的"魔术盛典"的广告宣传员。"魔术盛典"的演出从一个城市移到另一个城市,周周都有。希利亚德通常提前一周到达演出地,通过报纸进行宣传,组织当地魔术师参加访谈和脱口秀表演。除了这些他每天要做的工作外,他还热爱魔术及狂热的魔术师们。他搜集最好的、最聪明的、最神秘的魔术秘密,在长达 30 多年的时间里,把它们编辑成书。这就是《大魔术》。

希利亚德的书文风华丽,他能唤醒古老的秘密,却又显得并不过时。书中有一章名为"新瓶装旧酒",开篇是这样叙述的:"当有一个新魔术出现时,我就表演一个旧魔术。"接着述说:"作为老人的我们——这话是斯蒂尔(Richard Steele)说的,不是我说的——已见过许多魔术兴起,然后慢慢衰弱、褪色,逐渐被埋葬在遗忘废弃之地,但是在这个章节,我们并不想祈求你们的怜悯与忍耐,从某种意义上说,这是古老事物的新进展。在古老记录者们的古怪术语中'再创造'和'消遣'——接下来的几页是一些最古老的魔术。"

希利亚德接着用他的方式描述魔术的历史,然后呈现了一些顶尖的魔术。希利亚德的书现在仍然有售。虽然有几章内容和背景已经丢失,但它仍辉煌地不停再版。如果你想迷住一个不管多大的年轻人,你就去买一套《大魔术》。

希利亚德在他的"新瓶装旧酒"这一章中描述的一个顶尖魔术——"擦亮时光的印记"——他称它为"神奇占卜"。这是这个男孩学的第一批数学魔术中的一个,它到现在仍然是一个精彩的魔术。现在就来看看我们如今是怎么做的。

1 神奇占卜

　　要表演这个魔术,需要 24 枚 1 美分硬币、1 枚 5 美分硬币、1 枚 10 美分硬币、1 枚 25 美分硬币,一共 64 美分。你可以将它们一起放在一个小钱包里,然后堆到桌上。看似随意地拿起 6 枚 1 美分硬币。如果你愿意,可以按以下方式进行:"你们知道,钱可以生钱。谁愿意帮我们想想怎么样生钱?"选择 3 位观众,并说道:"作为开始,我会给你们每个人一点资本。"然后给第一位观众 1 美分,第二位观众 2 美分,第三位观众 3 美分。这个动作必须做得自然,不要发表任何评论——观众不会意识到他们每个人拿到的钱数是不同的。将 5 美分、10 美分、25 美分的硬币推到桌子前方,引导三位观众(不妨称他们为约翰、玛丽和苏珊)这样做:"首先,学习一下融资贷款。我会转过身去,并保证不偷看你们,而你们可以盯着我看。约翰,桌上的 3 枚硬币代表你可以购买的 3 份资产。请你选择其中的一份。玛丽,还剩下 2 份供你选择,你随便选一个,贵的或是便宜的。苏珊,你只能拿最后剩下的——我想说,这总比没有好。"你依然背对着他们,继续以下的说辞:"现在我们要付贷款利息了。拿了 5 美分硬币(那是我们最小份的资产)的人,请从桌上的这堆钱里拿走与我开始给你的数量相等的钱。你们中的一个拿了 10 美分硬币（这是大一些的资产），请从桌上的这堆钱里拿走我开始给你的 2 倍数量的钱。最后，拿了 25 美分硬币（这是我们最大份的资产）的人，请从桌上的这堆钱里拿走我开始给你的 4 倍数量的钱，作为有宏伟愿景的奖励。"

表演者继续说道："现在，我要对这个经营项目提供资金。想成为一个成功的银行家，关键的一点是要了解你的顾客。约翰，你是第一个选的。让我们看看，你是一个冒险家？"在说这些的时候，转过身面对听众，若无其事地将剩余的硬币扫到手里，装进口袋。当然，你需要秘密地数一下还剩多少，这会让你知道谁拿了多少钱（下面会解释）。"约翰，你在看我吗？我有没有偷看？看我的吧，我会运用心理学——你在小和大之间犹豫不决——你拿的是 10 美分硬币。玛丽，你玩的最大——你拿的是 25 美分硬币，对不对？苏珊，你最后一个拿的，只剩下 5 美分硬币了，这是很少的零钱——祝你下次好运。"

魔术效果

计算方法

一开始，表演者在桌上放了 24 枚 1 美分硬币。从中拿走了 6 美分，并给了第一位观众 1 美分，第二位观众 2 美分，第三位观众 3 美分。并没有特别提到这些数字。按上述过程进行，最后阶段表演者转回身，并数一下还剩多少 1 美分硬币。可能剩下的硬币数有 1、2、3、5、6 和 7 这 6 种结果，这些结果与观众的所有选择一一对应。如果我们将 5 美分（Nickel）、10 美分（Dime）和 25 美分（Quarter）硬币分别记为 N、D 和 Q，那么表 7.1 就可以说明每一位观众的选择。

表 7.1　剩余的硬币数和观众的选择

剩余的硬币数	观众的选择		
	1	2	3
1	N	D	Q
2	D	N	Q
3	N	Q	D
5	D	Q	N
6	Q	N	D
7	Q	D	N

举个例子,表格第一行表示的情形是:第一位观众拿了 5 美分硬币,第二位观众拿了 10 美分硬币,第三位观众拿了 25 美分硬币。根据指令,第一位观众又从桌上的钱堆里拿走了 1 美分,第二位观众拿走了 4 美分(原来得到的 2 倍数量),第三位观众拿走了 12 美分(原来得到的 4 倍数量)。这样,一共又被拿走了 1 + 4 + 12 = 17 美分,而前面桌上还有 18 美分,因此,最后只能剩下 1 美分。对应表中的编码,就是 $\frac{1\ 2\ 3}{N\ D\ Q}$。其他几行可以用类似方法检验。后面会给出实用的表演细节,但首先我们来看看这个魔术的历史。

一点历史

魔术的历史自有其神秘性。我们确实知道一个引人注目的巧合:最早的两本严肃的魔术书竟然出版于同一年——1584 年。两本书分别出版于英国和法国,内容全然不同。第一本是普雷沃斯特(J. Prevost)的《精妙与令人愉悦的发明》,在里昂出版,该书对魔术作了诠释——效果、方法和说辞,是用轻松的方式来描写的。普雷沃斯特讲述了"神奇占卜"魔术的两个版本。

另一本 1584 年出版的魔术书是斯科特(Reginald Scot)的《巫

术的发现》，其写作目的主要是抗议越来越多的虐待年老体弱巫婆的行为。书中有一章介绍魔术，包含一组手法灵巧的魔术，但并不含数学魔术。法国和英国的传统发展迥然不同。在英国，此后的150年里，很多魔术书都基本复制了斯科特的书，只是略微做些修改和增补。在法国，人们做了很多明确的尝试，来改进旧魔术、回溯和统一过去的成就。

追溯"三物占卜"的演进过程，我们可以看到一条清晰的发展线路。第二本法文魔术书出版于1612年，是巴切（Gaspard Bachet）的《令人愉快的数字问题》（也在里昂出版）。巴切描述了"三物占卜"法，进而证明了也许是数学魔术的第一个定理：他证明，将"三物占卜"直接推广到四物或更多物是行不通的。他给出了一个"四物占卜"的例子以及推广的德布鲁因序列的一个美妙的早期例子。关于巴切的结果我们就讲这些。

四物魔术需要有4位观众，一开始分别给他们1、2、3、4枚硬币。首先，在表演者背对着他们的情况下，他们每个人从四物中选择其一。然后，取A物者再取与一开始所得一样多的硬币；取B物者再取一开始所得的4倍数量的硬币；取C物者再取一开始所得的16倍数量的硬币（取D物者不再取硬币）。

留在桌上的硬币数与所选物仍然是一一对应的。除了给出类似于表7.1的一张表格外，巴切还提供了一张圆形的排列表（见图7.1）。外圈含24个数字，表示可能剩余的硬币数；内圈数字巧妙地揭示了所选之物：在剩余硬币数下方出现的1、2、3或4代表了第一位观众的选择；沿圆周的下一个数字代表第二位观众的选择；第三个数字则代表第三位观众的选择。这些信息决定了第四位观众的选择。该排列就是我们现在所知道的最早的广义德布鲁因序列。

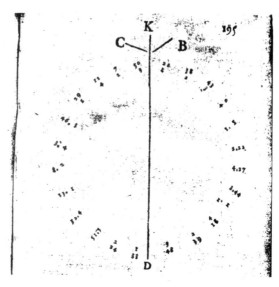

图 7.1

早期的作者们相信,"三物占卜"可以直接进行推广。巴切的第二个贡献是给出了反例。巴切用例子证明,直接的推广不能得出唯一的编码:5 位观众一开始分别拿到 1、2、3、4 和 5 枚硬币,选择第 i 物的观众再取原来所得的 2^{i-1} 倍数量的硬币。因为置换 $\begin{smallmatrix}1&2&3&4&5\\a&b&c&e&d\end{smallmatrix}$ 和 $\begin{smallmatrix}1&2&3&4&5\\a&c&d&b&e\end{smallmatrix}$ 给出同样的硬币数——121,所以剩下的硬币数也是一样的。实际上,在四物的情形中,采用这种编码也是不可行的,读者能发现其中的原因吗?巴切的版本是不一样的,他的四物版本可以实现。让我们回到魔术表演中。

葛立恒的 1.96 美元魔术

巴切的"四物占卜"需要查阅一张特殊的表格。下面我们介绍一个可通过"纯思维"来完成的"四物占卜"魔术。

魔术效果

表演者将一些零钱堆放在桌子上,并采用以下说辞。"我们这个社会看待金钱的方式很复杂:我们都希望得到更多的钱,但是我们中的大多数又都不想让人觉得太贪婪。我现在转过身去，并请4位观众来协助我。艾伦，从桌上的这堆硬币中随便取一枚。贝蒂，你也去取一枚，但是选的硬币面值不要和艾伦一样。查理，请你也取一枚硬币，和他们两个选的面值都要不一样。最后，狄亚尼，希望你一直都在看。请你也去取一枚硬币，和前面三人所选面值都要不一样。"

表演者继续说道："为进一步凸显你们的意向，我要求你们从桌子上取更多的钱。这次没有规定只能取一枚硬币。狄亚尼，你是最后一个取的，无论前面你选了什么，现在你去取刚才所取面值的4倍的钱。你可以直接取钱，或者需要的话允许找零——比方说，如果你刚才取的是10美分硬币，现在再去取40美分。艾伦，你是第一个取的，我不能确定你取了多少，很可能你很贪婪——你去取和刚才所取一样多的钱。"

"贝蒂，你去取刚才所取面值的2倍的钱。查理，你挑的也比较靠后，所以你现在去取刚才所取面值的3倍的钱——比方说，如果你刚才取了5美分硬币，现在再去取15美分。"

此时，表演者可以转回身，且不需要问任何问题，就可以揭示4位观众刚才的选择。无论是观众第一次的选择，还是现在手上所持有的总数都可以说出来。表演的花样可以有许多。你可以分析一下几位观众的个性，比如："艾伦，你是一个精明的人——你没有选择25美分硬币，因为这显得太贪婪，但是选最便宜的又显得太做作——你取的是10美分硬币。"对其他观众，你可以采用如下说辞："查理，我想象不出你在做选择的那一刻究竟在想什么，但是你把所有的钱都捏在手里了吗？让我握住你的手腕听一听——听起来像是20美分。"

何以成功

一开始,表演者将 1.96 美元的硬币放在桌上——6 枚 1 美分、6 枚 5 美分、6 枚 10 美分和 4 枚 25 美分。魔术要设计得让最后留在桌上的钱和观众们的选择一一对应。而且,我们编制了这个变化版本,使你易于理清头脑中的信息,而不需要查阅图表或者记住什么。

首先,数一数有多少钱留在桌上。我们设所剩钱的总数为 T。将这 4 位观众分别记为 A、B、C、D(本例中,A 是艾伦,B 是贝蒂,C 是查理,D 是狄亚尼),然后使用代码 $A=4$,$B=3$,$C=2$,$D=1$。

第一步:以 5 为模取 T 的余数,得到的结果是 1、2、3、4 之一,该数字代表的是取 1 美分硬币的观众。

第二步:以 4 为模取 T 的余数,得到的结果 r 是 1、2、3、4 之一(余数为 0 时在此处认为余 4),这个数字代表了取 10 美分硬币的观众。比如余数为 4,则表示 A 取了 10 美分硬币。

第三步:将 T 除以 5,忽略余数,再将商加到 $3 \times r$ 中,所得结果再以 5 为模取余数,最后得到的数字代表的是取 5 美分硬币的观众。

第四步:剩下的那位观众取的是 25 美分硬币。

一个例子

假设观众们一开始的选择是:

A—5 美分,B—25 美分,C—10 美分,D—1 美分

根据你的指令,A 又取了 5 美分,B 又取了 50 美分,C 又取了 30 美分,D 又取了 4 美分。一共多取了 89 美分。当你转回身时,你能看到桌上有 66 美分,即 $T=66$。

第一步:66 模 5 余 1,所以 D 取了 1 美分硬币。

第二步:66 模 4 余 2,所以 C 取了 10 美分硬币。

第三步:66/5 的商是 13,13 + 3 × 2 = 19(2 由第二步得到),19 模 5 余 4,所以 A 取了 5 美分硬币。

第四步:剩下的是 B,他取了 25 美分硬币。

何以奏效

首先观察到,如果一位观众在魔术的第二阶段取了 x 枚硬币($x = 1$、2、3 或 4),那么这位观众的代码就是 $5 - x$。经过第一阶段后,一共从桌上取走了 $1 + 5 + 10 + 25 = 41$ 美分,还剩下 1.55 美元,也就是 155 美分。假设在第二阶段分别取走了 p 枚 1 美分硬币、n 枚 5 美分硬币、d 枚 10 美分硬币、q 枚 25 美分硬币,那么桌上最后还剩下:

$$T = 155 - (p + 5n + 10d + 25q) \text{。} \tag{7.1}$$

第一步中,我们以 5 为模取 T 的余数,得到 $T \equiv -p \pmod 5$,于是 $p \equiv -T \pmod 5$。故取 1 美分硬币的观众的代码是 $5 - p \equiv T \pmod 5$。

第二步中,我们以 4 为模取 T 的余数,得到 $T \equiv 3 - (p + n + 2d + q) \pmod 4$。由于在第二阶段恰好取走了 10 枚硬币,因此 $p + n + d + q = 10$。将此值代入,得 $T \equiv 1 - d \pmod 4$,即 $d \equiv 1 - T \pmod 4$。因此,取 10 美分硬币的观众的代码是 $r \equiv 5 - (1 - T) \equiv T \pmod 4$。

在第三步中,我们根据式(7.1)得

$$\frac{T}{5} = 31 - \frac{p}{5} - n - 2d - 5q \text{。} \tag{7.2}$$

因 $p = 1$、2、3 或 4,故只需用到不大于 $\dfrac{T}{5}$ 的最大整数,即是 $\left[\dfrac{T}{5}\right]$,于是我们得到

$$\left[\frac{T}{5}\right] = 30 - n - 2d - 5p。$$

以 5 为模取其余数，得

$$\left[\frac{T}{5}\right] \equiv -n - 2d \ (\mathrm{mod}\ 5)，$$

即

$$n \equiv -\left[\frac{T}{5}\right] - 2d \ (\mathrm{mod}\ 5)。$$

于是，取 5 美分硬币的观众的代码是

$$5 - \left(-\left[\frac{T}{5}\right] - 2d\right) \equiv \left[\frac{T}{5}\right] + 2d \ (\mathrm{mod}\ 5)$$

$$\equiv \left[\frac{T}{5}\right] + 3r \ (\mathrm{mod}\ 5)。$$

剩下的那位观众取的是 25 美分硬币。

这个版本的魔术极易表演，你只要熟悉规则，并了解每一步的除法计算即可。（第三步中）一个计算 T 除以 5 的余数的简便方法，就是将 T 乘以 2，再除以 10。比如 $\frac{66}{5} = \frac{2 \times 66}{10} = \frac{132}{10}$，不大于这个数的最大整数是 13。也许刚开始时，操作起来缓慢又费事，但经过练习后，就会驾轻就熟。

变化型

多年来，魔术师们表演了"三物占卜"魔术的数百种变型，一些表演还包含了精心设计的情节。有一个表演采用了神秘谋杀的情节，基本物体为刀、枪和绳索。这样的形式适合在剧场里为大量的观众表演。在另一极端，加利福尼亚人格伦·格拉瓦特（Glenn Gravatt，现实生活中是一名侦探）表演这个魔术时只需要一位观众，以及 1 美元、5 美元、10 美元纸币各 1 张。观众将 3 张纸币分别装入 3 个不同的口袋,然后执行一些简单的指令。格伦根据桌上剩下的钱来判断各张纸币的位置。

有一个问题令我们很感兴趣:运用哪些巧妙的办法可以求出总钱数?在我们的版本里,我们需要数剩余的钱。观众会注意到这一点,这给他们提供了一个揭开魔术秘密的线索。我们曾想把钱装在一个袋子里,通过称重来判断所余的总数。我们也曾想把剩余的钱扔到黑墨水瓶里,根据液体的位置变化来判断总数。我们确信,必能找到一种很简单的判断方法。如果读者能找到妙法,还望告诉我们。

早期的魔术

当我们团队中的一个成员得到第一本专业的法国魔术书——普雷沃斯特的《精妙与令人愉悦的发明》时,"三物占卜"魔术的历史真的打动了我们。目前,此书存世不足 10 册。拥有原版书能够让那些古老的魔术唤发生机,而缩微胶片或复制品并不能做到这一点。也许原作者也曾手持我们得到的这一册,在我们写下这段文字时,它已有 425 年的历史了。书中,普雷沃斯特给出了表演"三物占卜"魔术的全部细节,包括在你手掌上画出相关置换表的建议。他也给出了本魔术的一种变型,需用 30 枚硬币来表演,但该变型不见于后来的文献。

为了还原历史真相,我们进行了探索。普雷沃斯特的描述是史上最早的吗?在很长一段时间里,我们都不知道答案。关于历史的一个可靠观念是:决不要轻易接受一个明确的最早出处。魔术史现在尚未得到完善的研究。魔术师们已尽力把他们的事情做到最好,但他们并非训练有素的学者。不过,一些执着的业余魔术爱好者已经在研究最早的魔术出处方面取得了进展。尽管普雷沃斯特和斯科特的两本书是最重要的早期"专业魔术书",但有迹象表明,在这之前已有许多零星片段出版。魔术师卡卢什(Bill Kalush)和波西(Vanni Bossi)的学术研究结果,导致了很多其他早期魔术的发现。最好的魔术史,是新近出了第二版的克拉克(W. Clarke)的《魔术编年史》。在其附录中,特别是那些由亚尔马尔(Hjalmar)和德波利(Thierry dePaulis)撰写的作品,提到了很多1584年以前的魔术。

我们对"三物占卜"魔术历史的研究,直到最近才取得突破(我们已寻找了20多年)。一位真正的历史学家西弗(Albrecht Heeffer)写了一篇论文,题为"《趣味数学》(1624):对作者、来源和影响的研究"。西弗的直接研究对象是《趣味数学》,这是人们所知道的史上第一部采用此书名的书。该书曾于1624年匿名出版,后来再版了多次。学者们曾对该书的作者有过激烈的争论。我们不准备卷入这件错综复杂的事情,但我们鼓励读者去读一读西弗的精彩综述。在其研究过程中,西弗追溯了许多标准魔术的来龙去脉。从西弗的论文中,我们了解到了"三物占卜"魔术的更早出处及后来的一些研究。该魔术是一些算术书中的标准内容。

西弗打开我们的思路之后,我们回头再看现代算术标准的"最早源头"。这就是1202年出版的斐波那契(Fibonacci)的《计算之书》。(斐波那契亦名莱昂纳多·皮萨诺(Leonardo Pisano)。)此书最终有了现代英文版。在这部奇书的第十二章第8部分,我们发现斐波那契也记载了"三物占卜"魔术的一个版本。他的版本需要3位观众,一位选择黄金,一位选择白银,最后一位选择锡。为了确定他们的选择,斐波那契将1、2和3分配给他们。然后魔术以纯数字的形式进行下去(未用硬币或筹码)。选择黄金的观众将分到的数乘以 2，选择白银的观众将分到的数乘以 9，选择锡的观众将分到的数乘以 10。将所得 3 个乘积相加，再从 60 中减去所得的和。表演者只知道最后所减得的结果（称为 T），从 T 中即可得知三个人的选择。将 T 除以 8，写成 $T = 8 \times A + B$ 的形式，则 A 即为选择黄金者分到的数，B 即为选择白银者分到的数。当然，选择锡者分到了其余一数。

我们不知道斐波那契的版本是如何形成的。从描述中可知，这是一个典型的、令人望而生畏的数学魔术，可能适合为一群小学生表演，但远不适合为现代观众表演。斐波那契描述的所有魔术都具有这种风格。尽管中世纪的观众也许会喜欢这种风格，但我们对此却表示怀疑。还有另一种可能，就是斐波那契真正的目的是想教大家算术，而不是魔术。也许他以标准的魔术做例子，将其中的表演过程和筹码等道具去掉，以一种大致统一的方式将其变成了算术练习题。果真如此的话，那就值得用创造适合表演的魔术的视角去细看斐波那契书中的其他魔术。我们刚才所介绍的这个"三物占卜"魔术，略去了有关观众的任何心算过程。筹码被淡化到了背景中，要记住的结果只有一个简单的读数。可以肯定的是，如果设计出合适的方法，某种旧酒是可以装到新瓶子里的。

斐波那契给出了好几个技术上的变化形式：比如，分派给 3 位观众的数可以是任何 3 个连续数字。他发展了一些理论，并宣称可以设计出含有四物或五物的魔术。以上发现将数学魔术的历史上溯到了 1202 年。实际上有证据表明，它也许还可以上溯到更早的时候。

2 有多少种魔术？

　　我们可以利用发生于 1584 年的引人注目的巧合，来估计一下魔术的种数。这个巧合指的是那一年出版了最早的两本严肃的魔术书：斯科特的《巫术的发现》和普雷沃斯特的《精妙与令人愉悦的发明》。上文已提及，这两本书的内容全然不同。斯科特的书广泛地揭穿了巫术。同时，他简洁但又清晰地描述了大约 52 种魔术。普雷沃斯特的书则是关于"如何表演"的手册，书中详细描述了大约 84 种魔术。

　　这两本书为我们呈现的都是自然的操作。我们一直觉得那时的常用魔术与今天的常用魔术不会有太大差别。至少，普雷沃斯特和斯科特书中的大部分魔术都有很现代化的道具——硬币、纸牌和球的操作，以及简单的数学魔术、切断又还原的绳子、撕开的线、船桨魔术等等。大多数魔术今天还在广泛表演。

　　假设每位作者在写书的时候，或多或少地从当时的常用魔术库中随机选择魔术。假设当时常用的魔术有 n 种，斯科特选择了 s 种，普雷沃斯特选择了 p 种。这样，如果能统计出同时被两人选中的魔术种数 c，就能估计出 n。这个过程就是著名的"捕获/再捕获"估计，它广泛应用于估计湖中鱼的数目——取一个大小为 s 的样本,把它们贴上标签,然后再取一个大小为 p 的样本,并统计其中贴有标签的鱼数 c。这种方法于 2000 年被用来估计美国人口普查中没有计入的人数。

n 的通常估计值是

$$\hat{n} = \frac{(s+1)(p+1)}{(c+1)}。$$

在魔术书的例子里,$s=52$,$p=84$,$c=7$。于是,我们可以估计 1584 年的常用魔术种数是 $\hat{n} = \frac{53 \times 85}{8} \approx 563$。

乍一看,会觉得这个值很高。两本书共包含 129 种魔术。斯科特的书中只有少数几种纸牌魔术:简要描述了用相当现代化的道具控制纸牌,以及通过切牌将 A 变为 K 的神奇魔术。普雷沃斯特的书中不含纸牌魔术。但是,根据合理的推断,当时已有 100—200 种常用的纸牌魔术。毕竟,著名作家、医生和数学家卡尔达诺(Gerolamo Cardano,1501—1576)很早就描述过听上去相当现代化的纸牌魔术,之后不久出版的书中也包含了几十种纸牌魔术。

相反地,普雷沃斯特的书中包含了少数几种数学魔术,而斯科特的书中则没有。下一本(巴切的)法文魔术书则充斥着数学魔术。假设当时有 75—100 种常用的数学魔术,似乎并非没有道理。两本书都没有明确介绍"杯和球"魔术,以及之后不久出版的书中所介绍的好几种别的魔术。即使这样,初步估计也有 129 + 200 + 150 = 479 种魔术了。我们希望该结果会让刚才估计的 563 种魔术更合理一些。

估计的方法 $\hat{n} = \frac{(s+1)(p+1)}{(c+1)}$ 来自精度的一个标准估计。我们不要寄希望于用两个样本来获得精确估计。通常对 $\hat{n}$ 的标准误

差 $\hat{\sigma}$ 的估计是：

$$\hat{\sigma} = \sqrt{\frac{(s+1)(p+1)(s-c)(p-c)}{(c+1)^2(c+2)}} 。$$

在斯科特/普雷沃斯特的例子中，$\hat{\sigma} \approx 163$。n 的一个标准置信区间是 $\hat{n} \pm 1.645\hat{\sigma}$，即得区间 $[234,820]$（以 552 为中心）为常用魔术种数的 90% 置信区间。

要使以上计算可信，我们需要设想两位作者中至少会有一位是在常用魔术库里随机选择魔术的。这有点牵强——你可能认为作者更有可能收录流行的魔术或简单的、容易表演或容易描述的魔术。随机样本的任何此类偏差都会导致以上 n 的估计值 $\hat{n}$ 的增大。如果在其中一个方向上有很大的偏差，则会导致大范围的重叠。我们发现了 7 处重叠，非常小。根据记录，我们统计出以下 7 处重叠：奶奶的项链、交换粮食的盒子、烧坏的线、吹书、吞小刀、刀穿舌头，以及切除鼻子。当然，如果书针对的是不同的读者对象，这种可能的重叠就会减少。

回顾一下，后世魔术书大量复制了斯科特和普雷沃斯特的内容。显然，斯科特和普雷沃斯特的书都是独立的成果，而后来的那些书则不然。因此，这两部魔术书为我们做学术研究提供了独一无二的机会。瑟沃（George Sever）在《统计学百科全书》的一篇文章中介绍了捕获/再捕获法的背景。

本章开篇讲述了作者之一怎样喜欢上数学魔术，然后又喜欢上数学的故事。而本书的另一位作者，也经历过类似的"关键时刻"。一个 12 岁的男生静静地坐在七年级的代数课堂里，心不在焉地看着窗外。老师注意到了这个男生没有认真学习，下课后问他怎么了。男生最终承认，他已经会做课本上的所有题目了，并直截了当地问是否还有他不会解的数学问题。老师思索片刻后回答说，"这里有个问题，我觉得你不会解。想象一下，你一开始有 100 只老鼠，然后它们开始繁殖。然而，它们繁殖后代的速度与当前老鼠总数的平方根成正比。于是，随着老鼠数量的增加，老鼠繁殖的速度也会增大。问题是：在后面的某一个固定时刻，共有多少只老鼠？"当然，老师是对的。该男生不能解决此类问题（特别是，这个问题需要解微分方程，这是他闻所未闻的知识）。善解人意的老师给了男生一本书，并说道，"读读这本书吧。当你读完它的时候，你就能解决诸如'老鼠繁殖'这样的问题了。"

这位老师名叫施瓦布（Richard Schwab），在加利福尼亚州里士满的哈利伊尔斯高中任教。而他所赠送的这本书则是格兰维利（Granville）、史密斯（Smith）和朗利（Longley）撰写的、出版于 1941 年的《微分学和积分学原理》。（现在亚马逊网站上本书只卖 25 美分！）对于当时的男生来说，这本书是神奇的。漂亮的三角公式，神奇的导数，还有令人惊叹的积分，这一切都通过难以捉摸的、无穷小的 dx 联系在一起。它让男孩在成长的关键时刻大开眼界，对他的人生产生了深远的影响，直至今日。图 7.2 是施瓦布老师在指导本书作者之一下国际象棋。

图 7.2

第八章

《易经》中的魔术

数学家有时候会被看作十足的书呆子。有一个老玩笑是这么说的："一个外向的数学家会在和你谈话的时候看着你的鞋子。"你们的作者可不是这种类型。我们中的每一个人都以魔术表演为生，并且每年有超过 50 次的演讲（再加上我们常规的课程）。迄今为止，没有什么能让我们在公开演讲的时候感到紧张。除了那一次！

1990 年 5 月，约翰·绍尔特（John Solt）邀请我们在哈佛大学东亚语言和文明系的研讨会上做一次演讲。我们不是汉学家，是通过魔术史学家杰伊（Ricky Jay）认识约翰的。我们曾不经意地接触过中国古文献《易经》中的一些概率与奇妙占卜问题。我们想通过这次演讲，和哈佛燕京学社的中国历史学家进行交流。我们厚脸皮地给出了演讲的题目："揭示《易经》中的秘密"。

我们惊奇地发现，居然会有约 50 位到场听众，从蓝头发的用《易经》来算命的小老太太，到将该书作为中国文学五大经典之一来学习的研究生。《易经》已经有约 3000 年的历史了，它在中国文化中的地位大致相当于西方文化中的《圣经·旧约》。我们的一些哈佛大学数学系的中国同事，在上小学期间被要求背诵《易经》的片段。他们也是当天的听众。让我们感到压力最大的是一群刚刚经历了 6 个月的《易经》研讨班的教授。他们的一些研究成果，出现在《〈易经〉在宋朝的使用》一书中。该书探寻了宋朝（公元960—1279 年）四个伟大人物的作品中对《易经》的引用及受《易经》影响的痕迹。这些教授非常怀疑两位数学家、魔术师对此会做出什么潜在贡献。

我们没有预料到这些。我们当时很紧张，不过理应如此。历史学家和数学家在语言沟通方面存在很大的障碍。此外，利用《易经》来做魔术表演的想法，也多少有些冒犯。尽管如此，我们确实有一些新东西要讲。正如我们下面所解释的，东方人用《易经》来占卜的标准方法表明，他们的概率（随机性）思想，比西方对概率的理解早发展了几千年。这个演讲很成功，后来还重复了好几次（见图 8.1）。

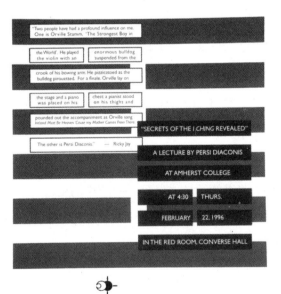

图 8.1

1 《易经》简介

《易经》的核心是 64 种组合模式，叫做卦。每一个卦有 6 条线（即爻），每一条线或者是连着的（阳爻）▬，或者是断开的（阴爻）▬ ▬。6 条线中的每一条是这两种类型中的一种，故共有 $2 \times 2 \times 2 \times 2 \times 2 \times 2 = 64$ 种模式的卦。所有这 64 种卦如图 8.2 所示。

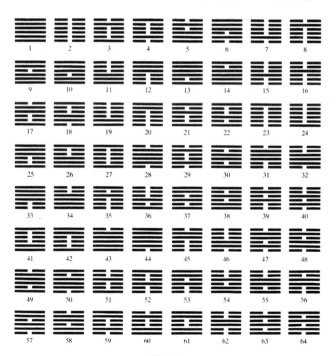

图 8.2

每一个卦都有自己的名称(如卦1叫做"乾"),还有一套简单的注释。这些注释是由一些圣贤所写的,例如孔子。文字描述并不易懂,且充满了想象。例如,在乾卦下面,开头的文字是这样的:"乾:元亨利贞。天行健,君子以自强不息……"卦和注释是分小段排列的,这些组成了《易经》的主体(例子可参见史密斯(K. Smith)等人所著的《〈易经〉在宋朝的使用》)。

这些模式和注释被当作哲学和文献来研究,已进行了近3000年。《易经》融汇于道教和佛教中,它的图像以很多种方式一次又一次地出现,不依靠《易经》是不可能了解中国式智慧的历史的。这催生了相当多的评论。

② 用《易经》占卜

　　无论在西方还是东方,《易经》经常被用于占卜,询问有关将来的事。简单来说,你会带着一个问题来使用这本书。然后,"随机地"得出一个卦。在书中查阅这个卦,它的注释可以看作是答案。我们读大学时,流行用《易经》来算命。我们有几个朋友,不看《易经》的指点不出门。

　　《易经》有时候也被艺术家、作曲家和编舞者当作选择作品结构和触发灵感的一种方法。这方面的一个著名信徒,就是美国作曲家柯吉(John Cage)。柯吉的音乐对我们大多数人来说是具有挑战性的,它让我们思考耳朵和大脑如何构建"音乐"。我们认识柯吉是在1960年代,至今还清楚地记得他带我们穿过纽约格林威治村时体验"听觉行走"的情景。那时大约凌晨2点,大雨已停止,他抓住我的胳膊说,"出去走走,听听这座城市。"纽约有着各种声音——滴水声,交通灯的咔嗒声,水汽穿过街边井盖的嘶嘶声,出租车,清洁车,人群在午夜的欢笑声……直到今天,当我们不得不在某处等候时,我们会改变自己的心态,并坐在那里倾听。

　　柯吉的音乐对大多数人来说仍然是刺耳的。而你们的作者之一却会持有相反的看法。他的一个兄弟是一名职业钢琴家,他不得不演奏柯吉的特调钢琴奏鸣曲。这位作者听到了这首奇怪的曲子，一阵一阵犹如橡皮擦和铅笔之类的声音夹杂在钢琴键盘发出的声音之中。练习持续了几周。最后，这位作者成了这首曲子的忠实听众。如果 50 年后的今天他再次听到这首曲子，他会像听到一首更古典的曲子一样，依然会有幸福的感觉。

柯吉将概率当做决定选择不同音符，以及它们的强度和持续时间的一种合成手段。2008 年 11 月 12 日，我们有幸作为"柯吉的遗产：音乐和数学中的概率"项目的演讲者，去重温这些思想（图8.3 为该项目的海报）。该项目包括坎宁汉（Merce Cunningham）舞蹈公司音乐委员会所举办的一个演出。坎宁汉本人也去了那里，并谈了《易经》在编舞方面的应用。他解释说，"一个舞蹈演员有两

Presented by the Archimedes Society of the
MATHEMATICAL SCIENCES RESEARCH INSTITUTE
in association with Cal Performances

Archimedes Society

The John Cage Legacy:
Chance in Music and Mathematics

A HAPPENING with the COMPOSER/PERFORMERS from the
MERCE CUNNINGHAM DANCE COMPANY in a
CONCERT followed by a DISCUSSION

WEDNESDAY, NOVEMBER 12, 2008
Simons Auditorium, Shiing-Shen Chern Hall
Mathematical Sciences Research Institute (MSRI)

········· Program ·········

5:30 PM   Welcome to MSRI's "Math + Music" Series
by Kathy O'Hara, MSRI Associate Director

Introductions by Bob Osserman,
MSRI Special Projects Director

5:40 PM   "Music for a MinEvent" performed by The Music Committee
from the Merce Cunningham Dance Company

6:15 PM   Panel discussion, with audience participation, with the
Music Committee and Persi Diaconis, moderated by
Bob Osserman

图 8.3

只胳膊、两只手、两只脚,等等。你必须决定它们怎么放,以及怎么变化。"他说他经常利用《易经》来帮助做决定,并承认"《易经》在柯吉的作品中扮演十分重要的角色,他坚持《易经》作出的选择,我则更灵活变通,只是把它作为一个建议。如果它不适合,我就不采用。"坎宁汉和柯吉一起在世界上巡回演出他们的舞蹈和音乐。他们有严格的规则:如果一首曲子长 20 分钟,那么坎宁汉和他的舞蹈者占用 10 分钟,柯吉和他的音乐家占用 10 分钟。他们这两部分之间没有特别的互动。在一次音乐会后,一个经常听音乐会的人大发雷霆,质问他们为什么不互动,让演员在音乐中跳舞。柯吉回答道,"你看,他做他的事情,我做我的;为了方便你观赏,我们在同一个时间段做了这些事。"

让我们回到《易经》。随机卦的传统方法是使用 49 根小棒(现在我们用游戏棒,但是传统上用的是蓍草茎)。将这些小棒"随意地"分成两堆。从右手这堆小棒中拿出 1 根放到一边。将左手这堆小棒以 4 根为一组分组,最后余下的(1、2、3 或 4 根)小棒也放到一边。将右手这堆小棒也以 4 根为一组分组,余下的(1、2、3 或 4 根)小棒加到左手那堆中余下的小棒里。被放到一边的小棒数总共是:

$$1 + 左手堆的余数 + 右手堆的余数。$$

这个数不是 5 就是 9(读者能发现是为什么吗?)。这个总数,5 或者 9,被看作第一步的结果。将这些小棒放到一边,再将其他小棒(有 40 根或 44 根)收集在一起,重复以上步骤(分成两堆,拿出一根,每一堆都以 4 根为一组分组,将余数相加)。第二步会产生 4 根或 8 根小棒留在桌上。把它们放在第一步产生的 5 根或 9 根小棒边上。将其他小棒收集在一起,重复以上步骤(这一次同样也会产生 4 根或 8 根小棒）。

到这时候，我们得到了三小堆小棒，第一堆是 5 根或 9 根，第二堆和第三堆都是 4 根或 8 根。这些小棒按照以下步骤来决定卦中的某一条线：规定 5 和 4 是小的，9 和 8 是大的，并设

$$小 = 3，大 = 2，$$

于是，对于每一堆，我们都可以得到一个数，将这些数相加。比如，小棒根数是 5、8、4，就是"小、大、小"，则 3 + 2 + 3 = 8。不管小棒如何分堆，最后这个和总是 6、7、8 或 9。这个最终结果对应于卦中的一条连着的或断开的线，具体对应规则如表 8.1 所示。因此，6 和 8 对应一条断开的线━ ━，7 和 9 则对应一条连着的线━━。

表 8.1　小棒占卜的原爻和变爻的概率

	原爻		变爻	概率
6	━ ━	变动	━━	1/16
7	━━	不变	━━	5/16
8	━ ━	不变	━ ━	7/16
9	━━	变动	━ ━	3/16

过一会儿，我们将会解释原爻和变爻的概念，以及它们出现的概率。现在，先不要去理会它们。如果上面的复杂过程得到的数是 6，你就画一条━ ━，这是我们得到的卦的第一条线。一个完整的卦由 6 条线组成，因此以上步骤一共要进行 6 次（每次都从 49 根小棒开始）。整个过程一般要花费 20 到 30 分钟。这是《易经》占卜仪式的一部分。你应该带着自己的问题进入这个仪式。海塞（Hermann Hesse）在他的小说《鲁迪老师（玻璃珠游戏）》中描写了英雄克内希特（Knecht）使用《易经》的过程，对这个仪式有精彩的记述。

为了简单解释一下变爻的概念,让我们先从随机产生一个卦开始。查阅前面的表格,你可以改变所有允许变动的线,以得到一个新的卦(即之卦)。这给出了问题的第二个答案。卦下面的注释对变爻有很多的说法。表中 6、7、8、9 后面所列的计算出来的概率,为变爻提供了新的见解。我们下面就来讨论这些问题。

3 《易经》和概率

我们生活中不可思议的问题之一是,历史上对概率的研究为什么会这么迟? 我们所知道的最早的系统化概率计算,出现在1650年左右的帕斯卡(Pascal)和费马(Fermat)的工作中。然而,人们用各种方式进行赌博已经进行了几千年。既有形状扭曲的骰子,也有做得近乎完美的骰子。古人用羊的关节骨制作成各种奇形怪状的骰子。你可以想象有人会盯着这些并说道,"也许有些面会比其他面出现的次数更多"。我们确实可以发现足够多的对这种不确定性的随意讨论,它们出现在我们每天的生活中。在法律上,人们不得不结合来源不可靠的证据,并制定简单的规则(例如,两个证人比一个证人强,但是两人必须没有亲属关系)。在医学和宗教领域也有类似的产物。然而,我们没有发现人们如何计算可能性或者如何考虑随机性的记录,除了"被凡人看到的神的阴谋"。富兰克林(James Franklin)的著作《推测的科学:帕斯卡以前的数据和概率》应该是研究史前概率的最好作品。

中国在历史上对概率的研究情况也类似。经过仔细的历史研究,澳大利亚国立大学的埃尔文(Mark Elvin)也证实了这个问题。赌博是普遍存在的,法律、医药和商业方面的不确定性也确实存在,但是并没有针对不确定性的计算或理论框架。

《易经》就像在这神秘世界里点亮的一盏灯。《易经》的历史并非没有争议。高德纳的《计算机程序设计艺术》给出了一名数学家笔下有关该书的历史。我们相信,这种用小棒来产生一个随机的卦的方式,至少可以追溯到孔子(前551—前497年)。如上文所述,这是一种采用随机分配并将得到的"大/小"值相加的复杂系统,最终得到一条连着的或断开的线。表 8.1 列出的概率计算显示,这个过程的设定使得最终得到连着的线的概率是 1/2(=5/16 + 3/16)。

类似地,得到断开的线的概率也是 1/2(= 1/16 + 7/16)。这个复杂的过程并没有明显的对称性,现代读者需要费点心思才能看出两者机会均等。首先,它的设计就有些复杂。

在本章最后,我们会解释这些数是怎么来的。有一个争论现在有必要提一下。无论进行何种类型的概率计算,关于什么是"随机分配一堆小棒"的判定都是必要的。没有随机的事件产生,我们是得不到概率的。事实上,并不是每个人都赞同概率和《易经》有关。我们在纽约协和神学院作关于《易经》的报告时,一位教师气愤地抗议我们的概率计算:"概率怎么会和《易经》有关? 当我根据书,用小棒或者翻转硬币产生一个随机模式的时候,是我的手在分堆或者翻转。是我决定的结果,不是数学。"

让我们认真地看一下上面这一抱怨。当然,使用《易经》并练习了很久的人,可以学会将偶数根小棒,刚好分成两半。事实上,你们的作者能将 52 张牌刚好对半切。在潜意识里,有可能进行这种仔细的分堆。如果你回过头来看看整个过程,你会发现随意地分堆会让得到连着的线和断开的线的概率更加接近。我们会在本章最后给出数学证明。此程序似乎由某个很有概率和组合感的人设计，几千年后这些事情才在西方得到清晰的理解。

也有其他随机化程序可以产生一个随机的卦。一个快捷、常用的方法使用了3枚硬币。将硬币放在手中摇晃，然后将其抛到桌上。正面计3分，反面计2分。3枚硬币的分值总和必为6、7、8、9中的一个。然后就和前面一样，转化成《易经》中的一条卦线。同样地，这里出现▬和▬ ▬的可能性也是均等的，而将第一项和最后一项的值相加，可知硬币占卜产生变爻的概率为$\frac{1}{2}$（参见表8.2）。上述分析表明，若使用小棒，则此概率为$\frac{1}{4}$。卦的分布情况差异更大。例如，用小棒占卜时卦☰出现的可能性比卦☷大64倍。

表8.2 硬币占卜的原爻和变爻的概率

	原爻		变爻	概率
6	▬ ▬	变动	▬▬▬	1/8
7	▬▬▬	不变	▬▬▬	3/8
8	▬ ▬	不变	▬ ▬	3/8
9	▬▬▬	变动	▬ ▬	1/8

各种其他随机化过程也广为使用，既有手工操作的，也有通过网络的，导致的分布情况迥异。小棒占卜的方法已使用了数千年，硬币占卜的方法也至少有1000年的历史。似乎没有人注意到这两者之间具有很大的区别，直到数学家范德布里吉（F. Van der Blij）在1967年进行了相关的计算。我们总以为人们会从经验中学习，但在这个例子中，事实却并非如此。

《易经》中当然含有很多的神秘成分。我们对它在魔术中的应用深表怀疑。我们经常会听到一些惊人的预测。任何试过此书的人都会发现,它为问题提供了十分丰富却又论述得很差的答案。读者能获得大量意象,可以自由选择、随意诠释。除了生成的卦及其注释外,还要考虑之卦以及这两者之间的关系。此外,每一个卦都由两个单卦组成。比如,卦䷕是由单卦☶和☲组成的。每一个单卦有自己的名称和图形。表 8.3 列出了八个单卦的一些信息。这样,如果预测出的卦是"贲"䷕,人们可能会想:"哇——山在火之上。"这是什么意思呢? 除了这些可能性,所有 64 卦都有好几种标准排列(见图 8.4),人们也许会考虑邻近的卦,以得到更完整的答案。64 卦的排列也许是最早的二进制数表示(把 ▬▬ 理解为 0,把 ▬ 理解为 1)。莱布尼茨(Gottfried Leibniz)是与牛顿同时代的伟人,当有人向他指出,中国人在几千年前就已开始使用他所发明的二进制数的时候,他十分吃惊。这些全排列中还保留着许多奥秘。

图 8.4

表 8.3 八个单卦

卦象	卦名	象征	特性	家庭关系	身体部位	代表动物
☰	乾	天	健	父	头	马
☷	坤	地	顺	母	腹	牛
☳	震	雷	动	长男	足	龙
☵	坎	水	陷	中男	耳	豕
☶	艮	山	止	少男	手	狗
☴	巽	风	入	长女	股	鸡
☲	离	火	丽	中女	目	雉
☱	兑	泽	悦	少女	口	羊

4 一些魔术(戏法)

前面说了那么多,我们希望读者现在对《易经》的背景已经有所了解。基于这些材料,我们接下来要介绍三个魔术。首先是一个相当古老的中国魔术,其次是一个现代的变型,第三个则是精心设计的舞台表演版。最起码,有了以上这些材料,下面的魔术中出现的相关术语你不会感到陌生。

第一个中国魔术

表演者展示 8 张图或者 8 个字,然后邀请观众默想其中的一张。图是画在卡片上的,将卡片发成两堆。观众告诉表演者,他所想的那张图是在左边这堆还是右边这堆。这可以记为连着的线▬,或者断开的线▬ ▬。重复发卡片两次,得一单卦,如☵。

这个魔术最后会准确地指出观众所想的那张图。

一些细节

图 8.5 给出了 8 个字,它们可以是手写的,也可以是印刷体。印刷体的字必须打印在 8 张卡片上,并对卡片进行编号(每张卡片所对应的编号参见图 8.5)。开始时候,8 张卡片叠成一堆,从上到下的编号依次为 4、8、3、7、2、6、1、5。

将 8 张卡片在桌上以弧形摊开,请一位观众默想其中任意一

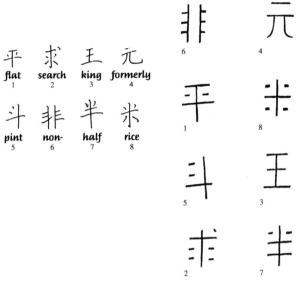

图8.5

张卡片上的字。一旁放一张纸和一支笔(或者墨水和毛笔)。将上面4张编号为4、8、3和7的卡片铺开,然后问观众,他所想的那张卡片是在这四张中还是在余下的编号为2、6、1和5的四张中。如果是在前四张中,则在纸上画一条连着的线▬;如果不是,则画一条断开的线▬ ▬。

将4张卡片收起来,仍放在牌叠上面,并将所有8张卡片按照右、左、右、左⋯⋯的方式发成两叠。把两叠卡片翻过来,并问观众,他所想的那张卡片是在第一叠(1、2、3和4)中,还是在第二叠(5、6、7和8)中。如果是在第一叠中,则在刚才所画的线上面再画一条连着的线;如果是在第二叠中,则在刚才所画的线上面再画一条断开的线。将第一叠卡片放在第二叠上面,如上发成两叠,并翻开。如果观众所想的卡片在1、3、5和7这叠,则在前两条线下面画一条连着的线;如果不是,则在前两条线下面画一条断开的线。

于是,我们得到了三条由连着的或断开的线组成的单卦。表演者在该单卦上加上一划,就成了中国观众所想的字了。

下面给出一例。假设观众想的是"求"字(卡片2)。第一步,这个字不在第一叠卡片中,于是,表演者画一条断开的线▬ ▬;第二步,这个字在第一叠卡片中,于是,表演者在第一条线上面画一条连着的线,得到▬▬;第三步,卡片2在第一叠卡片中,表演者在前两条线下面画一条断开的线,得到☳。现在,表演者在这个单卦中间加一竖,变成☳,就成了"求"字。实际表演时,可以在最后一划后再加一、两笔,使整幅图更像观众所想的那个字。

我们不知道这个魔术有多古老,近期出版的一本日文书中记录了这个魔术,该书将其称为"苏武牧羊"。苏武(前140—前60年)生活在汉朝,他被流放到一个偏远、贫穷的地区,在贫困和饥饿中生活了19年后,才重获自由。有一首描述他的困境的儿歌至今还在传唱,歌中还讲述了他的牧羊活动。

这本日文书提到,这个魔术出自一本中国古书,书名为《中外戏法图说》。

以上所介绍的八卦是《易经》中不可或缺的一部分。表8.3给出了《易经》中八个单卦的卦名和基本卦象,卦象那一栏列出了上文所介绍的魔术中的图形。一些经典的图形和魔术中的文字是匹配的。

英文版本

很自然地,我们会尝试用英文版本来表演这个魔术。下面记录了我们的两种尝试。

变型一

表演者展示8张印有普通事物的图片,让一位观众认准其中的一张。然后,表演者将图片排放在架子上进行预测。这位观众可以将他所认准的图片告诉现场其他观众,让大家一起欣赏魔术的结局,最后表演者会说出这张图片上所印事物的名称。简单地说,我们找了 8 个不同的三字母单词,它们的第 1 个、第 2 个和第 3 个字母都是两者选一的,如 rug、hug、rag、hag、rat、hat、rut、hut。预测包含了 3 组列成一排的成对卡片。第一对为一个 r 和一个 h;第二对为一个 a 和一个 u;第三对为一个 g 和一个 t。每对图片叠在一起,使得它们看上去像是单张图片。表演者每次可以翻开一对或两对图片,作出正确的预测。我们用最少的笔墨来描写这个过程,因为这个魔术比较拙劣。如果你有一个好的变型,请告诉我们。顺便提一句,我们还没能找到一组好的 16 个四字母单词,具备相似的结构。我们能找到的最佳词组是:

dice、link、dick、line、dine、lick、dink、lice、

duce、lunk、duck、lune、dune、luck、dunk、luce。

还不够出彩,但至少所有的单词在常用词典中都能找到。

变型二

该变型和中文原版比较接近,但最后展示的观众所默想的物体用的是西方的图形。将下面这 16 个单词分别写在卡片上,一张卡片一个单词:

咖啡、金鱼、牛仔、小丑、天鹅、郁金香、马、兔子、

绵羊、蛋糕、校车、房子、眼镜、电车、冰淇淋、美人鱼。

让一位观众默想其中一个单词。将卡片发成两叠,请观众告诉表演者他所想的单词在哪一叠。如果是在左边这叠,表演者就在便签纸上画一个大圆圈;如果是在右边这叠,则画一个大的正方形。将一叠卡片放在另一叠之上,重复上述步骤 3 次。每一次,表演者都在原来的图上添上一些直线或曲线条。最后一次分发卡片后,表演者画出了观众所想的那个物体。图 8.6 中的迷人图案是

由史密斯(Laurie Smith)设计的。

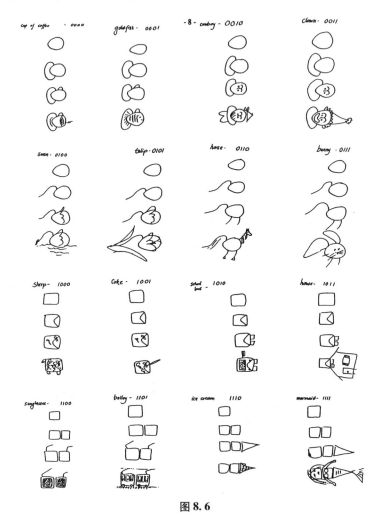

图 8.6

何以成功

将图 8.6 中的 16 个单词和二进制数对应起来。如，将咖啡记为 0000，金鱼记为 0001，以此类推，直到将美人鱼记为 1111。将这些单词写到 16 张卡片上，并按顺序排好，使"咖啡"在最上面，"美人鱼"在最底下。

将上 8 张卡片摊开形成一叠，下 8 张卡片摊开形成另一叠，让观众能看见所有的单词。摊开的卡片顺序不能变。观众选定一个单词，并指出它在哪一叠。如果是在第一叠，表演者就画一个鸡蛋型的圆圈；否则就画一个正方形。

拿起这两叠卡片，然后左右各一张地发成两叠，继续刚才的问话。将第二条线加到所画的图形中。图8.6中的16组图片告诉你该怎么添加线条。最后一次分发卡片后，可以给图画添加一些细节，让它看起来更像。这和中文原版魔术的要求一样。

舞台表演版

我们根据《易经》开发的第三个魔术，是一个舞台表演版本。简单介绍《易经》的背景知识后，表演者邀请3位观众上来帮忙，第4位观众则得到一个精心安排的预测。现在，表演者要求每一位观众问一个简单的、可以用"是"或"否"来回答的个人问题。在最近的表演中（由迪亚科尼斯在贝尔实验室为葛立恒退休所举办的晚会上表演），第一位观众（拉特格斯大学的研究生）问："我能通过资格考试吗？"第二位观众（当今中国最著名的计算机科学家）问："费马定理真的被证明了吗？"第三位观众（香港著名的投资人）问："我这周能赚一百万吗？"每个问题被归纳为一个单词，记在一个大三角形的三个角上（如图8.7所示）。在进行家庭表演时，可以使用

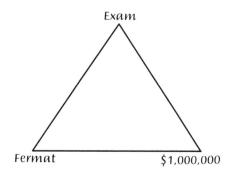

图8.7

一张较大的纸。我们的表演是在舞台上,下面有几百位观众,台上还有 3 位观众,因此,表演者用投影仪将画好的三角形投影到大屏幕上。

现在,表演者引导观众完成一些简单的程序,并产生一个随机的单卦。在我们的实例中,产生的是☰,乾卦。其中,每一条线回答一个问题,━表示"是",╺╸表示"否"。然后表演者请第 4 位观众从一个信封中取出预测结果。在纸的一面,写下的预测是☰。

创造、力量、天、父,3 次肯定回答预示了好兆头。

另一方面,我们给出 3 个简短的注释,使得每一个预测更有针对性。

●第一条连着的线:潜龙勿用。一张低点数的牌和一张 Q 可以强化它;

●第二条连着的线:见龙在田,利见大人。将得到男性人头牌;

●第三条连着的线:君子终日乾乾,夕惕若厉,无咎。大王和 2 点留给你。

在读上面每一行的时候,表演者要将它与刚才的问题联系起来。该随机化程序部分包含了玩牌(下面会作解释)。三位观众最终每人得到两张牌。预测不但回答了他们的问题,还准确判断出他们手持何种牌。

我们称它为舞台表演版本,是因为它将《易经》的历史和神秘性融入魔术之中。根据不同的环境和观众,我们可以展示原书,做一个试验性的卦,或者谈点前面解释过的概率。整个过程可以从不到 10 分钟到一个小时不等。如果面对合适的观众,魔术效果会非常好;如果在嘈杂的晚会上表演,则会是个灾难。

现场表演中的随机化程序用了 14 张牌。因为我们的表演要面对很多观众,我们用的是特别巨大的牌。在表演中,我们拿出 13 张红心和一张大王,初始排列顺序是从上到下依次为 A、5、3、6、4、J、2、8、9、10、7、Q、K、大王。根据观众的指示,将这些牌正面朝上或朝下混在一起。基本的混合步骤如下。以准备发牌的样子将牌正面朝下握好。将 4 张牌在桌上发成一叠,方法为:最上面那张牌发到桌上,第二张牌正面朝下盖在刚才那张牌上面,第三张牌翻成正面朝上放在刚才两张牌上面,第四张牌正面朝下放在刚才的那些牌上面。将这 4 张牌拿起来,并整体翻转,然后放到手上剩余牌的上面。这个操作产生了 3 张正面朝上、1 张正面朝下的牌。我们将这一基本发牌法称为"G 式翻阅"发牌法。它看上去和我们第一章所讲的赫默洗牌法有点像,但实际上两者迥异。让我们来完成这个《易经》魔术。

让 3 位观众站到大家面前,将他们的问题分别写在一个大三角形的三个角上。告诉大家,将根据他们的随机输入,产生一个随机的模式。取出 14 张按顺序排好的牌。用"G 式翻阅"法发牌一次,并请第一位观众随机切一次牌。再用"G 式翻阅"法发牌一次,并请第二位观众随机切一次牌。最后,用"G 式翻阅"法发牌一次,并请第三位观众切牌。事实上,无论用"G 式翻阅"法发牌几次都没关系。我们发现,发 3 次就够了。

告诉观众们,按照以下方式,运用朝上/朝下模式,可以生成一个《易经》中的卦:偶数对应连着的线▬,奇数对应断开的线▬ ▬。围绕着大三角形按以下方式发这 14 张牌。将三角形的三个角依次编号为 1、2、3(如图 8.8 所示),按照 1,2,3 的顺序发前 3 张牌。第 4 张牌发到 1 号和 2 号之间的边上,第 5 张牌发到 2 号和 3 号之间的边上,第6张牌发到三角形的中央,第7张牌发到3号和1号之间的边上(见图8.9)。

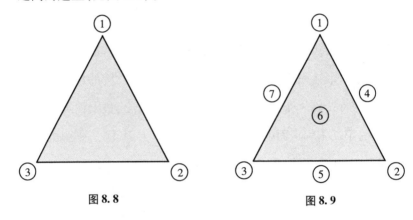

图8.8　　　　　　　　　图8.9

用完全相同的方式来发余下的7张牌:第8张牌放在第1张牌上面,第9张牌放在第2张牌上面,第10张牌放到第3张牌上面,以此类推。最后得到7叠,每叠2张。

三个角可以给每位观众的问题提供答案。对于第一个问题,要用到1号角处的两张牌,连着角的两条边(4号和7号位置)上的牌,以及三角形中央(6号位置)的牌。将这些位置上的牌摊开,并将正面朝上的牌的点数相加。如果总和是偶数,画一条连着的线━;如果总和是奇数,则画一条断开的线▬ ▬。对于第二个问题,要用到2号角处的两张牌,连接角的两条边(4号和5号位置)上的牌,以及三角形中央(6号位置)的牌。对于第三个问题,要用到3号、5号、6号、7号位置上的牌。

无论用"G式翻阅"法发牌并相应随机切牌几次,结果我们都会得到连着的线━。为使预测结果正确无误,你必须多做一步。在正式发牌前,将Q或4放到最上面。为了方便做到这一点,必须在它们的背面做上小记号。发牌时,若看到Q或4在最下面,就把牌翻过来再发。如果不是这种情况,就用"G式翻阅"法发牌若干次,直到 Q 或 4 就位。若做不到这一点,就当众切一次牌。这最后的操作只有你明白,观众并不知道是怎么回事。

　　这个冗长的描述涵盖了许多魔术版本。要让你自己的舞台表演版可信,需要精思致力。我们相信,"G 式翻阅"发牌法及其推广形式有其自己的生命力。我们向读者保证,这里面涉及的数学和魔术一样有趣。

5 《易经》魔术中的概率

用一捆小棒实施《易经》程序时,各种最终结果(6、7、8、9)出现的概率分别是多少? 要回答这个问题,我们需要知道下面一个问题的答案:如果 n 根小棒随机地分成两堆,那么左边这堆有 j 根小棒的概率是多少? 这里,j 可以是 0 到 n 之间的任何数,尽管我们希望两边的数目大致相等。

我们现在要面对的问题是:将 n 根小棒分成两堆有什么合适的数学模型? 法国著名数学家拉普拉斯将均匀分布看作基本知识。这里,所有的分法都是等可能的。对于 49 根小棒,左边这堆出现 j 根小棒的概率是 1/50,其中 j 在 0 和 49 之间。另一自然模型是二项式分布,该模型导致更公平的分堆:左边出现 j 根小棒的概率是 $C_n^j/2^n$。当 $n=49$ 时,相关的概率如表 8.4 所示。我们看到两堆小棒数量相当时(24,25),其出现的概率是 0.1123,比均匀分布的 1/50 = 0.02 要大得多。

哪个模型是正确的,这很重要吗? 这些是经验性的问题,要经得起实践的检验。尽管这样做是有益的,但是可以证明:精确的分布与好的估计值无关。问题的重点在于,出现 j 根小棒的精确概率无关紧要,重要的是将 j 除以 4 后具有给定余数(0、1、2、3)的概率,对大量的概率分布而言,这些可能性都很接近1/4。例如,对均匀分布和二项式分布,它们的概率如表8.5所示。可以证明更一般的结果。

表 8.4　左边出现 j 根小棒的概率

j	左边出现 j 根小棒的概率
20	0.0502
21	0.0694
22	0.0883
23	0.1036
24	0.1123
25	0.1123
26	0.1036
27	0.0883
28	0.0694
29	0.0502

表 8.5　不同分布下 $j \bmod 4$ 的概率

$j \bmod 4$	二项式分布	均匀分布
0	0.260 000 000 0	0.250 000 014 9
1	0.260 000 000 0	0.250 000 014 9
2	0.240 000 000 0	0.249 999 985 1
3	0.240 000 000 0	0.249 999 985 1

第九章

抛上去的必定会掉下来

  杂耍和魔术一样,有着悠久的历史,两者都可以追溯到至少4000年前。的确,魔术和杂耍常常相互联系在一起。当然,一些顶尖的杂耍高手似乎具备超自然的能力,而许多魔术(比如完美洗牌)也需要高度熟练的动作技巧。实际上,很多天才魔术师同样也是技巧娴熟的杂耍演员,例如杰伊和吉利特(Penn Jillette)。此外,杂耍和数学之间也有紧密的联系。数学经常被说成是模式的科学。杂耍可以想象成在时空中控制模式的艺术。两项活动都提供了无尽的挑战。在数学上,你有永远解决不完(或者解决不了)的问题;在杂耍中,你也有永远掌握不完(或掌握不了)的把戏(只要再加一个球!)。本章中,我们将对杂耍和数学之间的一种真正联系作出解释。为了保持我们鼓励实践的传统,最后我们将介绍基本的"抛三球"杂技。

图 9.1 贝尼-哈桑遗址第 15 座陵墓中的壁画,墓主是公元前 1994 年一位不知名的王子

1 把它记下来

在过去的 20 年里,数学和杂耍之间的一种引人注目的联系进入了人们的视野。这就是通常称为"位置交换"的杂耍。一个位置交换杂耍序列(或模式)就是一个描述物体被抛在空中的时间的(有限)数列。比如,534,4413 和 55514 都是位置交换模式。下面我们将解释它们何以代表杂耍模式。我们选择球作为杂耍的道具(虽然我们还可以用很多更有挑战性的物体来玩杂耍,例如火把、锯链等等,但背后的原理是一样的)。我们想象,时间是沿着 1,2,3,…这样的步序走的(我们可以将其想成 1 秒,2 秒,3 秒,…,见如图 9.2)。

图 9.2　时间步序

现在,我们假设在时刻 1 抛出一球,在空中的时长为 3,这意味着该球在时刻 4 = 1 + 3 落下(见图 9.3)。如果用位置交换序列来表示,就是 3000…。通常,位置交换记法是用来表示重复模式的,所以这个抛一次球的特定表示法并没有多少用处。

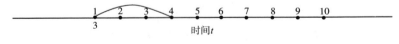

图 9.3　一个简单的杂技

当然,抛一次球并非令人深刻印象的杂耍表演,更有趣的是位置交换杂技序列333333…,我们将其简写为3。在这种模式中,每个球一掉落,就立刻被再次抛回空中,时长仍为3。这种模式可用图9.4来表示。

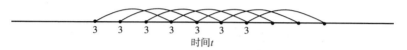

图 9.4 位置交换 3333333… = 3

一般地,一个位置交换模式由一列数 $t_1, t_2, \cdots, t_n$ 组成,数列的每一项都大于或等于0。其实际意义是,若在时刻 i 上抛一球,则它落下的时刻是 $i + t_i$。对位置交换模式的通常是,表演者用两只手表演,左右手交替抛东西。如果我们在图9.4上用字母 L 和 R 来表示在某个时刻哪只手在抛球,就得到了图9.5。这就是基本的抛三球杂技(也许一些读者已经能表演)的位置交换记法。请注意,若抛物时间是奇数(例如位置交换 3 = 3333333…),则一只手抛球,另一只手接球。相反,若抛物时间是偶数,则是同一只手抛、接球(见图9.5)。

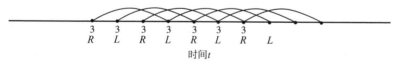

图 9.5 考虑奇偶性

这是杂耍中奇偶性的一个例子,即一个区分偶数和奇数的奇特方法。我们必须指出,从生理角度而言,对于不同类型的抛法,要用不同的大脑反馈回路。一些杂耍演员更擅长"交叉"模式(球在两手间交换),而另一些则更擅长于不换手抛球。

人们所知道的第一种位置交换模式之一是441441441…,简写为441(见图9.6)。它的节奏很好,但看上去容易做起来难。模式中的"1"包含了左右手同时垂直交换地抛球法,这需要练习多次才能连贯地表演。

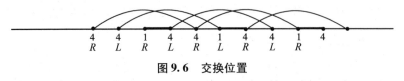

图 9.6　交换位置

另一个有趣的模式是 534534534··· = 534(见图 9.7),这个 534 模式比 441 模式更具有挑战性,在该模式中,没有两个球会同时下落。

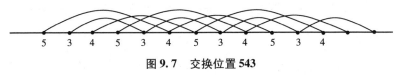

图 9.7　交换位置 543

一般来说,所有模式都会重复,开始重复前的抛物次数,叫做模式的周期。我们通常只记下模式的一个周期。

你可以写下各种潜在的位置交换序列(并尝试表演一下)。举个例子,543 如何(见图 9.8)?瞧,我们遇到问题了,即 3 个球同时

图 9.8　潜在的交换位置 543

落到同一只手里(杂耍演员很讨厌这种情况的发生)。我们如何能预见这种情况的发生? 若 $(t_1, t_2, \cdots t_n)$ 为杂耍序列,则在时刻 1 抛出的球,会在时刻 $1 + t_1$ 落下,在时刻 2 抛出的球,会在时刻 $2 + t_2$ 落下,一般地,在时刻 i 抛出的球,会在时刻 $i + t_i$ 落下。于是,在一个周期里,球落下的时刻为 $1 + t_1, 2 + t_2, \cdots, n + t_n$。因此,所有 $i + t_i$($i = 1, 2, \cdots, n$) 最好是互不相同的。然而,这还不能完全保证避免碰撞的发生。例如,考虑模式 346(见图 9.9),经检验,$1 + 3 = 4, 2 + 4$

图 9.9　模式 346

$=6, 3 + 6 = 9$ 互不相同,这就没事了吗?请记住,346 代表的是周期性重复模式 346346346…,这个模式的周期当然是 3。因此,在时刻 $2, 5, 8, \cdots$,抛出空中时长为 4 的球,则落下的时刻分别是 $2 + 4 = 6, 5 + 4 = 9, 8 + 4 = 12, \cdots$。类似地,在时刻 $3, 6, 9, \cdots$,抛出空中时长为 6 的球,则球落下的时刻分别是 $3 + 6 = 9, 6 + 6 = 12, 9 + 6 = 15, \cdots$。所以,在时刻 12 会发生碰撞(时刻 $15, 18, \cdots$ 也如此)。如果多画几次,就可以看到这一点,如图 9.10 所示。

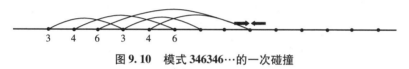

图 9.10　模式 346346…的一次碰撞

在一般的杂技序列中,我们需要确保所有的 $i + t_i$($i = 1, 2, \cdots n$)关于模 n 都互不相同。换言之,$i + t_i$ 减去 n 的最大倍数后的余数都不同。例如,模式 441 的周期是 $3, 1 + 4, 2 + 4, 3 + 1$ 减去 3 的倍数后,余数分别是 $2, 0, 1$,因此这个模式是可表演,即为有效的位置交换。

类似地,对于模式 534,周期也是 $3, 1 + 5, 2 + 3, 3 + 4$ 的余数分别是 $0, 2, 1$。然而,对于模式 543,$1 + 5, 2 + 4, 3 + 3$ 的余数分别是 $0, 0, 0$,这就是为什么我们前面会看到三球同落的情形(这真是个大灾难!)

下面介绍关于位置交换模式的第一个定理:

定理　序列 $(t_1, t_2, \cdots, t_n)$,$t_i \geq 0$ 是有效位置交换序列(或者说可杂要的),当且仅当所有的 $i + t_i$($i = 1, 2, \cdots n$)关于模 n 都互不相同。

我们约定，$t_i = 0$ 表示在时刻 i 没有抛、接球。给定位置交换模式 $= (t_1, t_2, \cdots, t_n)$，对于杂耍演员来说，知道需要用几个球来表演是很重要的。比如，在模式 534 中，需要几个球（见图 9.7）？答案是 4。另一方面，对模式 441，答案是 3。由此可以得出模式 $(t_1, t_2, \cdots, t_n)$ 中球的个数 b 的简洁的表达式，即 b 等于 t_i 的算术平均数：

$$b = \frac{1}{n}(t_1 + t_2 + \cdots + t_n)$$

（你可以检验一下模式 534 和 441）。

为了理解这一结果，你可以设想，在每一个时刻都会有一个球被抛出，一个球落下。一个球在空中的平均时长是 $\frac{1}{n}(t_1 + t_2 + \cdots + t_n)$。因此，正好需要这么多球！（注：这并非数学证明，而只是一个不追究细节的验证！）

啊，你也许会说，公式很漂亮，但万一所得结果并不是一个整数（例如 9/4）怎么办，会妨碍我们的理论吗？确实会，但不用担心，这种情况永远不会发生，原因如下。

根据假设，对于一个有效的位置交换 $(t_1, t_2, \cdots, t_n)$，所有 $i + t_i$（$i = 1, 2, \cdots, n$）关于模 n 都必须互不相同。既然所有的 $i + t_i$ 除以 n 后，余数都在 0 到 $n - 1$ 之间，并且有 n 个。那么，实际上这几个数肯定正好是 $0, 1, 2, \cdots, n - 1$（按某种顺序排列）。因此，我们就得了和 $(0 + 1 + 2 + \cdots + n - 1)$ 关于模 n 的余数，即：

$$(1 + t_1) + (2 + t_2) + \cdots + (n + t_n) = (0 + 1 + 2 + \cdots + n - 1) \pmod{n}$$

但

$$(1 + t_1) + (2 + t_2) + \cdots + (n + t_n)$$
$$= (0 + 1 + 2 + \cdots + n - 1) + (t_1 + t_2 + \cdots + t_n) \pmod{n}$$

两式相减,得

$$(t_1 + t_2 + \cdots + t_n) = 0 \ (\mathrm{mod} \ n)$$

即$(t_1 + t_2 + \cdots + t_n)$恰好能被 n 整除。由此可知,$b = \dfrac{1}{n}(t_1 + t_2 + \cdots + t_n)$是一个整数(耶!)。然而,对于某些无效的序列,这个平均值也有可能是整数,例如我们前面看到的序列 543。

一个精通数学的杂耍演员可能问另一个问题:周期为 n、球数为 b 时,到底有多少种不同的位置交换杂耍模式?结果是有许多种。准确的数字由一简洁的表达式给出

$$(b+1)^n - b^n。$$

因此,当 $b = 4$,$n = 3$,就有 $5^3 - 4^3 = 61$ 种不同的周期为 3 的 4 球位置交换模式。(序列 534 就是它们中的一个,你能列出剩下的 60 个吗? 你能表演其中的一些吗?)严格地说,这是一个高估的数字,因为这个数字包括了周期能被 n 整除的任何一个模式。例如,当 $b = 4$,$n = 3$ 时,用上式计算,则也包括了序列 444,该序列的周期是 1,可简成 4。

一旦在杂耍(序列)和数学之间建立了联系,无论数学还是杂技的大门都将为你敞开。很多杂技演员为了掌握受位置交换启发得到的层出不穷的新模式而刻苦训练。这也包括在两人或多人之间进行的广义位置交换传递模式,以及用一只手抛接多个球的多元杂耍模式。很多位置交换模式都很难,举个例子,对比一个标准的 5 球串联杂耍(用位置交换的记号记为 5 = 555⋯)和一个模式为 4637 的 5 球位置交换杂耍。在第一个模式中,每个球所抛的高度相同,并且都用另一只手接;而在第二个模式中,每个球所抛的高度互不相同,有些是用另一只手接,有些则是用同一只手(我们还

没有看到过谁表演这个模式)。

在数学上,还有很多有趣的挑战。例如,前面已经看到,对于一个有效的位置交换模式$(t_1, t_2, \cdots, t_n)$,平均数$\frac{1}{n}(t_1 + t_2 + \cdots + t_n)$必为整数(这不是充分条件,如模式543)。然而,可以这样说,对任一数列$u_1, u_2, \cdots, u_n$,如果它们的平均数是一个整数,那么将这些元素重新排列后总能得到一个有效的位置交换模式。例如,543可以重新排列成有效的序列534。模式252505467的周期为9,在空中的时间总和为36(平均数是4),对它们进行重新排列至少能得到一个有效的位置交换模式(你能找出一个吗?)。这个结论的一般证明很复杂。如果有哪位读者能找到漂亮的证明,一定要告诉我们! 顺便说一句,没有人知道哪些序列具有最大的有效位置交换序列重排数。

通过位置交换探讨杂耍模式的方法也可以拓展到多元杂耍模式中去。在这种模式中,在任何一个特定时刻都能抛、接多个球。当然,这对杂耍演员来说更难了(但现在有很多杂耍演员很擅长这种表演)。同样的概念也可以用于表演杂耍时相互交换抛球的杂耍团队中(或者是更常见的杂耍俱乐部)。在这种情形中,数学和杂耍都变得更加复杂。事实上,它催生了很多新的数学思想,例如,用新方法计算关于外尔仿射群的所谓庞加莱级数,q项式斯特林数恒等式,新欧拉数恒等式,以及列举某些棋盘多项式构形。从另一个方面看,(专业级的)杂耍演员现在正试图掌握一些更具数学趣味的位置交换模式,例如123456789。实际上,如果你在英语字母和数字之间建立起联系:a↔10,b↔11,等等,那么人们会问:哪些(英语)单词可用来表演出杂耍呢? 研究表明,单词"theorem"

和"proof"都是可表演杂耍的模式，第一个单词是一个 21 球模式，而第二个单词则是一个 23 球模式。不过，我们都知道证明总是比定理要来得难！

网络上有很多用计算机操作的位置交换模拟装置，只要你输入一个潜在的位置交换模式，就可以在计算机屏幕前欣赏该模式的表演。这是一个学习复杂模式的绝佳途径。其中最常用的一个是 Jongl。

杂耍中的一个问题就是地球上的引力很强。据估计，一个可以在地球上表演 7 球杂技的人，在月球上可以表演 41 球杂技（月球的引力只是地球引力的六分之一），如果不考虑一些实际困难，例如穿太空服以及模式并不按比例缩放，换言之，如果你要表演一个 41 球的模式，将球抛到 40 英尺高，你必须做得非常精确，因为你的两双手展开还是 6 英尺长。一种降低引力影响的办法是，在一个光滑的稍稍倾斜的桌面上滚动小球，或者在台球桌内侧边缘的弹性衬里上弹球（在这种情况中，每次抛球的顶点会变得很"尖"）。你也可以在一个光滑的平面上反弹硅胶球，例如地板，水平墙面，或者美国著名杂耍演员莫逊（Michael Moschen）所用的巨大三角形围墙。这些都让杂耍表演者获得更长的抛接球间隔时间。在抛接时有更长的时间间隔。

本书作者之一在他的少年时代，沉迷于杂耍世界中，为那些看似可能的排列和组合而着迷。他甚至从组合论思想出发创造出一些新的"缠结"模式（像米尔斯错综（Mills Mess），就是由他的学生米尔斯完善和推广成极其成功的令人眼花缭乱的米尔斯家庭杂耍节目）。他随后担任了国际杂耍家协会的主席，这个团体有 3000 多名杂耍演员活跃在世界各地（他们中很多人的正职是在计算机、数学和一般科学等领域)。很多大城市和大学校园内都有活跃的杂耍俱乐部。在杂耍信息服务网站上，列有杂耍聚会的时间和地点，还有杂耍方面任何别的要求，诸如道具、光碟、书籍、时事通讯、会议、比赛、表演者的巡回路线等等，应有尽有。

② 开始表演杂耍

学习一些基本的三球杂耍模式,并不像你想象的那么难。在接下来的几个段落中,我们将扼要介绍该杂耍的具体表演方法。

首先,我们得找一些合适的物品来表演杂耍！通常最好是和网球一般大小的球,如果可能的话,再重一点。很多杂耍新手用曲棍球,或者从当地宠物商店购买来的"狗"球。网球大小合适,但太轻了点。一些杂耍演员往网球里灌沙子或谷物,这样球会变重,但是弹性就变差了(对新手而言,这是个很好的道具！)。高尔夫球太小了,排球太大了,足球出于各种原因也不合适。最近,最流行的杂耍物品是豆袋,在很多地方都能找到。

第1步:下面分3个基本的步骤来学习什么是"抛3球"杂耍,这也是很多杂技演员学习的第一个模式。第1步只有一个球,开始时你将一个球拿在一只手里,两只手都抬到腰的高度。然后将球从一只手抛到另一只手,抛球高度在头以上6到12英寸。你的眼睛始终看着空中的球(见图9.11到图9.14)。

当球还在你头上方的时候,你要扛得住伸手抓球的诱惑,它一定会自己落下来的！你只要专注地抛球,以确保球和你身体保持大致相同的距离,而不会突然向前,或者向后并打中你的胸部。一

图 9.11　一个球在开始位置

图 9.12　抛一个球

图 9.13　球在抛物线的顶点

图 9.14　在球下落时看着它

个有效的训练方法是站在距墙一英尺的位置,在抛球过程中确保抛球的路径始终和墙壁保持相同的距离。通常,在一个不会让人分散注意力的背景下练习比较有益,如面对一堵坚固的墙。两只手都要分别进行初始抛球训练。一定要抵制不把球抛出就直接在两手间传球的冲动。很多人总本能地要用他们惯用的那只手(通常是右手)来抛球,另一只手接球后直接将其递回惯用的手,而不是将其抛出。因此,训练从左手抛球到右手(特别是对右撇子)比右手抛到左手更有用。直到在两个方向上你都感觉顺畅。这个过程一般要花费 3 – 5 分钟。

第 2 步:这一步最重要,需要两个球。这一步中,两手各拿一球,假设你是右撇子(如果不是,你就反着做)。做法如下。左手抛球到右手,同第 1 步。当球到达最高点时,右手抛球到左手,确保抛出的球位于第一个球的下方(具体见图 9.15—9.22)。

一开始,似乎没有足够的时间来抛第二个球,但练习 1 – 2 分钟后你就会发现这不成问题。这一步中,有几点务必注意。首先,一定要等到第一个球到达最高点后,才抛出第二个球。(见图 9.18 和图 9.19)

图 9.15 两个球的起始位置

图 9.16 抛第一个球

图 9.17 看着第一个球

图 9.18 准备抛第二个球

图 9.19 抛第二个球并接住第一个球

图 9.20 看着第二个球

| 图 9.21　仍看着第二个球 | 图 9.22　接住第二个球 |

两球一定不能同时抛出！其次，眼睛紧盯着第一个球，直到它快被接住，再将目光转向第二个球。毕竟，你首先得接住第一个球，因此在担心第二球之前你要确保接住第一个。如果你发现自己总接不住第一个球，这说明你的目光肯定转移得太早了。再次，第二个球要抛得和第一个球一样高。人们总是倾向于将第二个球抛得比第一个球低很多，这会导致第 3 步出问题。最后，和第 1 步一样，要将球保持在同一个平面内，这样你就不需要前后移动去接它们。记住，这一步只有两个球，现在我们还不需要继续抛更多的球。

一旦你有把握完成两球练习（十拿九稳），就换一只手先抛球做同样的练习。一开始你可能会觉得比预想的要来得困难，但你应该做完同样的步骤。很快，你就能较为轻松地完成任意一只手先抛球的步骤。整个过程一般要花 15 到 30 分钟，特别有天赋的人只需花 10 分钟,而迟钝一些的人要花上一个小时。你会发现,这一步要比你想象的费力,所以,在练了 20 分钟后你可能想休息几分钟,并喝点水。

第 2.5 步:(好吧,我们说谎了)这一步实际上只是半步。要做的就是重复第 2 步但右手拿着第 3 个球,要扔出去的球放在手的前半部分(见图 9.23)。这一步中,我们并不抛出第 3 个球。我们只抛两个球——第一个球从右手抛到左手,接着第二个球从左手抛到右手(一如第 2 步)。但是,在第二个球下落到右手时考虑在降落的第二个球下方抛第三个球的可能性。一开始,你可能没有足够的时间抛出第三个球,但心中想着抛球,会让你意识到这种可能性。如前,在这半步里,球要抛得一样高(如果第二个球的高度比第一个球低很多,你肯定就没有足够的时间来抛第三个球!),等到第一个球到达最高点的时候,再抛第二个球,并将球保持在你前面的同一个平面内。

第 3 步:如果执行了第 2.5 步,你会发现,在第二个球下方将第三个球从右手抛到左手是可能的——就这么做吧!你很快会得心应手,因为在第 2 步中你已经练习了从左手先抛球的过程,这也是第二个球和第三个球要经历的所有步骤。不要急,心中默记:右、左、右,等到上一个球到达最高点时,再抛下一个球。按恰当的轨道(合适的高度、平面和时间点)抛球以及接球时,都要全神贯注。如果你已经掌握了前两步(包括第 2.5 步),你就可以在 5 分钟之内完成第 3 步,接住所有的三个球。在此,你要祝贺自己。你已完成杂技演员所谓的抛三球杂技的"飞烁"。

第 4 步及以后:一旦你能完成第 3 步,并且能自信地完成三球杂技"飞烁",就很容易想象第三个球何时快要落到左手上,并且在

图 9.23 三个球的起始位置

图 9.24 抛第一个球

图 9.25 准备抛第二个球

图 9.26 抛第二个球并接住
第一个球

魔法数学
——大魔术的数学灵魂

图 9.27　看着第二个球并
准备抛第三个球

图 9.28　接住第二个球并
抛第三个球

图 9.29　看着第三个球

图 9.30　接住第三个球——
一个"抛三球"杂技

第三个球落下来之前把左手中的球抛到右手。同样,这只是第 2 步的再次重复。思考几分钟,然后就试试吧。一旦完成这一步,你就开始看到模式了。数学上称之为"归纳",如果你知道怎么从第 n 步推到第 $n+1$ 步,你就可以无止境地继续下去。瞧,这就是杂要中的数学。

此时,你的第一个目标可能是在三球杂技中完成 10 次抛球,如果你在一个小时后成功了,你就是一名出色的学生;如果你更雄心勃勃,试抛了 25 次。如果你发现还有一些问题阻碍你完成任务(几乎每个人都会遇到),回到前面的步骤,直到第 3 步。例如,一个常见(如果不是普遍的话)的问题是球抛得越来越往前,所以在抛了几次后你就得跑向前去接球。究其原因,一旦一只手把球抛得略微偏向前面,另一只手就得向前才能接住球。但是那只手还在继续抛球,所以在接球的同时,无意中就会把下一个球抛得更偏前。这个过程是不稳定的,为了继续表演下去,你最终会横穿整个房间。要解决这个问题,需要回到第 2 步,确保球不向前跑,有时甚至可以将球朝你身体方向抛回一点点。无论是左手先抛球,还是右手先抛球,两种情形都要练习。再给一个有用的提示:抛球的时候尽量想着将球"往上"抛,而不是"横向"抛。若抛球时在水平方向运动过多,则因范围过大而看不住球,更别说控制球了! 无论如何,总有某一时刻你会突然发现,抛三球模式如此简单,那时你就会感到惊讶,为什么自己会花费那么长时间才学会。

当然,这是最基础的三球模式,可以掌握的三球模式还有成百上千种,而且如果你增加球的数量,可能性还会以指数增长。下一步要看的一本好书是本奇(Ken Benge)的《杂要的艺术》。测试你对这个模式的掌握情况的好办法，就是让你将这个过程教给其他人。杂耍的艺术通过这种方式从一代传给了下一代，就像魔法知识流传几个世纪一样。

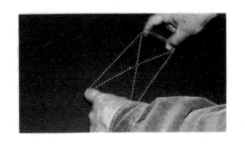

第十章

数学魔术之星
（以及本书中一些
最佳的魔术）

人们基于简单的数学思想发明的自运行魔术，至少已经有1000年的历史了。在过去的100年里，发生了一场革命，它起源于魔术狂热者的出现。他们支持魔术商（许多大城镇都有）、数百家魔术俱乐部和近百个的魔术年会。魔术因此而进步。渴求新魔术的呼声不断传来。人们对旧魔术进行改编、改进和分类。它们都被记录在各种期刊上，其中有季刊、月刊、甚至还有一本名叫《咒语》的周刊，发行了超过半个多世纪。大型魔术期刊的发行量多达5000册左右。还有很多魔术书籍（现在还有光碟）面世，实际上每年有成百上千种魔术书出版。最后还出现了电子书、博客以及各种各样的魔术网站——YouTube上有成千上万个魔术片段。这是一个非常活跃的领域。

当然，这些东西大部分是没有价值的：简单的变化、微小的进步（有时甚至是倒退）。偶尔，会有一个闪亮的新思想，效果上佳，其方法和魔术本身一样都令人惊叹。少数发明家不断创造辉煌——我们选择其中的7位来讨论。

7名魔术师的职业各不相同。一位是来自佩塔卢马的养鸡农夫，一位乡村免费邮递员，一位计算机奇才（或许是两位），还有一位牧师。有人过着正常的生活(一位运输工程师),也有人古里古怪(一位靠垃圾箱生活的流浪汉),甚至有一位被福利院收容。他们都创造出了具有深刻根基、富有生命力的精彩魔术。

我们的明星们发明了数学魔术。为了让人正确地看待后面的内容,我们首先需要交待一下,为什么20世纪最伟大的两位纸牌魔术师不在我们的明星名单中。他们是弗农和马洛,他们长期致力于开发高深莫测的魔术。他们都是天赋出众的表演者,有着令人惊叹的妙手,能够耍出"连最挑剔的观众都不会怀疑,更别提察觉他们的动作"的把戏。除了那些高深莫测的魔术,弗农和马洛还发明了精彩的、极具表演性的魔术。如果你看到一个街头艺人在表演套环或者杯和球,它实际上很可能来自弗农的一套移来移去的动作;如果你在电视上看到一个近景纸牌魔术,很可能你看到的是马洛的某个发明。

弗农和马洛都对数学一窍不通。弗农告诉我们,他在中学时数学很糟糕。绝望中,他试图去背正弦和余弦表! 这太疯狂了,最后当然以失败告终。弗农是学校曲棍球队的队长,毕业时,队友们送了他一枚刻有 $\sin^2 x + \cos^2 x = 1$ 的戒指,笑他数学差。他就是毫无数学天分。而他那些需要依靠数学的自运行魔术,则是他最平淡无奇的发明。

马洛是一家机械商店的领班,他发明了很多现代纸牌魔术。他会在工作的时候做笔记,将他的魔术记录在 IBM 打孔卡的背面。在马洛和我们的通信中,有成千上万张这样的卡片。

这些信件是对20世纪下半叶纸牌魔术的最佳记录。每个对纸牌魔术着迷的人都给马洛写信,他在回信的同时也会保留复本。我们从13岁开始就给马洛写信——他的回信通常都很长,有时也用明信片。一封回信的开头是这样写的,"四年前(1971 年 5 月 2 日),我给你邮寄了一张明信片,上面有……"。一个能给 13 岁小孩回信的大人是高尚的。一个保留明信片复本的人又有点疯狂。马洛对纸牌魔术的数学原理一窍不通。他能以十分精彩的方式去利用别人的发现——他的完美洗牌法和保留牌叠法至今仍然是我们的保留节目。就我们所知,他从未发现过任何有趣的新数学原理。

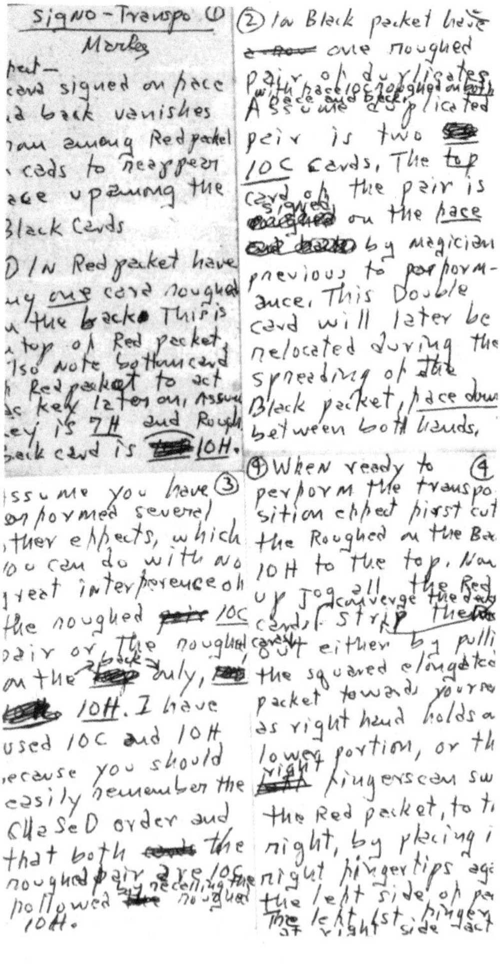
Signo-Transpo ①
Marlo
pect—
card signed on face
a back vanishes
rom among Red packet
cards to reappear
ace up among the
Black Cards
① In Red packet have
ny one card roughed
the back. This is
top of Red packet.
lso note bottom card
Red packet to act
as key later on. Assume
key is 7H and Rough
back card is 10H.

② In Black packet have
one roughed
pair of duplicates,
Assume duplicated
pair is two
10C cards. The top
card of the pair is
signed on the face
by magician
previous to perform-
ance. This Double
card will later be
relocated during the
spreading of the
Black packet, face down
between both hands.

③ Assume you have
performed several
other effects, which
you can do with no
great interference of
the roughed 10C
pair or the roughed
on the back only,
10H. I have
used 10C and 10H
because you should
easily remember the
CHaSeD order and
that both the
roughed pair are 10C
followed by 10H.

④ When ready to ④
perform the transpo-
sition effect first cut
the Roughed on the Back
10H to the top. Now
up jog all the Red
cards. Strip the
out either by pulli
the squared elongated
packet towards yourse
as right hand holds a
lower portion, or th
right fingers can sw
the Red packet, to th
right, by placing i
right fingertips ag
the left side of pa
the left 1st finger

图 10.1　马洛描述 Signo-Transpo 魔术的笔记

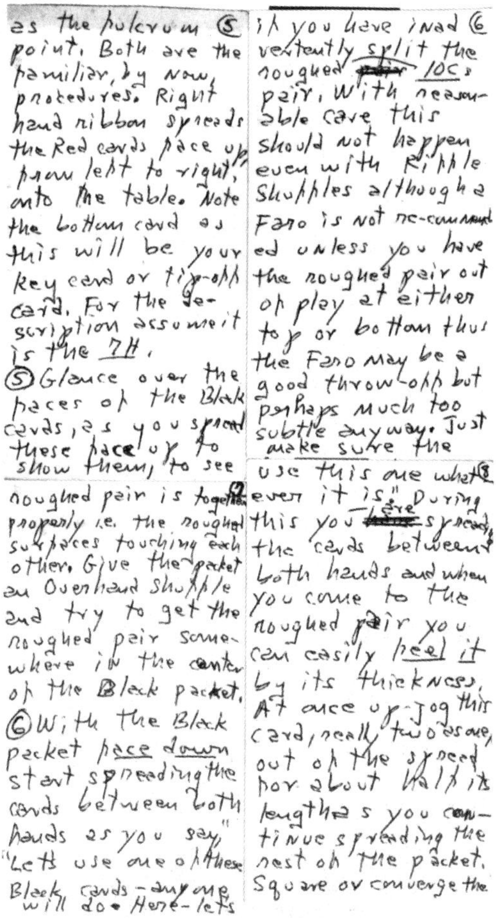

as the fulcrum ⑤ point. Both are the familiar, by now, procedures. Right hand ribbon spreads the Red cards face up from left to right, onto the table. Note the bottom card as this will be your key card or tip-off card. For the description assume it is the 7H.

⑤ Glance over the faces of the Black cards, as you spread these face up to show them, to see noughed pair is together properly i.e. the roughed surfaces touching each other. Give the packet an Overhand shuffle and try to get the roughed pair somewhere in the center of the Black packet.

⑥ With the Black packet face down start spreading the cards between both hands as you say "Let's use one of these Black cards - anyone will do. Here - let's

if you have inadvertently split the roughed 10C pair. With reasonable care this should not happen even with Riffle Shuffles although a Faro is not recommended unless you have the roughed pair out of play at either top or bottom thus the Faro may be a good throw-off but perhaps much too subtle anyway. Just make sure the use this one whatever it is." During this you spread the cards between both hands and when you come to the roughed pair you can easily peel it by its thickness. At once up-jog this card, recall two or so are, out of the spread for about half its length as you continue spreading the rest of the packet. Square or converge the

图 10.2　更多马洛的笔记

所以,好魔术和好数学魔术是两码事。下面我们所谈论的魔术之星都创造了杰出的数学魔术。这样的人并不多,并且似乎都相继离世(我们自己最近也感觉不怎么好!)。希望我们的关注会在某地点燃星星之火。

1 埃尔姆斯利

埃尔姆斯利（Alex Elmsley）说话轻声细语，为人和善，双目炯炯有神。1958 年的一个平静的工作日，在纽约的泰南魔术商店，我们*第一次见到他。埃尔姆斯利在大学毕业和服兵役后，花了一年时间游历美国各地，做魔术演讲、参加魔术会议、寻找手法高超的美国传奇魔术师。他发明了一个简单的新手法，叫做"幽灵算法"（今称埃尔姆斯利算法），一时风靡整个魔术界。这是少数真正的新技术之一，它成了现代魔术手法的中流砥柱。

图 10.3　埃尔姆斯利和一位有远大抱负的魔术师于 1975 合影

我们用自己的方法来表演幽灵算法，它学起来更简单，也更自然。说来话长，现在我们开始交替叙述故事和魔术。埃尔姆斯利

　＊　在这一节里，"我们"更多的是特指我们的第一位作者。——原注

那时 29 岁,而我们才 13 岁。魔术有一个鲜明的特征,即一个成功的魔术之星在启迪年轻人的同时,彼此都能收获乐趣。除了使用高超手法的魔术外,埃尔姆斯利还喜欢数学魔术。他掌握了完美洗牌法,发明了许多魔术的应用。埃尔姆斯利教了我们这种洗牌法和它的一些基本原理。他这样给我们介绍二进制数。在坐地铁回家的路上,我们写下了前 8 个二进制数:

$$000 \quad 001 \quad 010 \quad 011 \quad 100 \quad 101 \quad 110 \quad 111$$

埃尔姆斯利曾说过,如果遇到 0,就实施完美外洗法,如果遇到 1 就实施完美内洗法,最顶上的牌会被洗到任何一个位置。埃尔姆斯利曾要求我们思考,是否有一种洗牌法,能将在任意位置 x 上的牌,洗到任意位置 y。我们为此足足思考了近 50 年,第六章对此作了简短的介绍。在一列移动的列车上洗牌并非最容易的开端。当有人问,要花多长时间才能做到可靠的完美洗牌时,我们回想起了埃尔姆斯利。这大约需要几百个小时,上千次的重复,但是当你还只有 13 岁时,时间总是过得飞快。

　　我们日复一日地去泰南的商店,逃课去发现一些更高级的真谛。泰南商店的员工赫里克(Jimmy Herpick)、加西亚(Frank Garcia)和泰南本人都知道他们在我们身上赚不到一点儿钱。他们都以自己的方式喜爱魔术,故对我们呼之任之。

　　10 年后的 1969 年,我们在伦敦再次与埃尔姆斯利相遇。他在英国一家大型计算机公司教授高级编程。他带我们参观了他的工作场所,那里摆放着一些旧的计算器和打孔卡阅读器。我们在其中一个阅读器前停下,他说道,"不知它们是否还有用? 让我们试试。"说着,他拿起了一叠大约 50 张的打孔卡,"唔,这些卡上有名字和词语。你们能把它们充分洗洗吗?" 他将这叠卡递给了我们,我们进行了充分的洗牌。"让我们看看阅读器能否把它们读出来",他将卡放入一个桌子大小的机器里,按下了按钮。机器卡嗒卡嗒地"吃"进卡片,然后又将其吐到一个托盘里。"似乎还行",他说。"试试看——切牌几次,然后看最上面的那张卡,这张卡上有没有写着什么有意义的话?"上面写着"上帝保佑我",好像是一位不幸的程序员的祈求。"好了,将这张卡塞到这叠卡的中间,进行一次完美洗牌,切一次,再洗一次、切几次,然后再将其放到卡片阅读器上。"他按了同一个按钮,这台老机器再次吃进这些卡片,同时,房间里的显示器亮了起来,上面显示:

注意,注意,检测到信息——请拭目以待。

显示器变成空白,几秒钟后显示:

上帝保佑我。

我们看了看埃尔姆斯利——他的眼里闪烁着笑意。"要再看一次吗?"他问。当然,这只是一次调试。这个陈列室是埃尔姆斯利寓所的一部分,他准备了几台机器来表演魔术。这个特别的魔术就是乔丹的完美洗牌法(见第五章)。用打孔卡来表演该魔术的想法精彩极了。可以在充分洗牌后才开始表演。第一次读卡时(事实上就是"看机器是否能用"),机器读到了卡的顺序。重复切牌和进行3次完美洗牌不会全部破坏卡片的顺序,因此可以锁定选出的牌。有一个漂亮的特征——在第二次读取时,机器记录下了现在的排列顺序。它不仅能揭示所选择的牌,也是为了即时重复。埃尔姆斯利唇边挂着会心的微笑。

埃尔姆斯利想出了很多计算机魔术。一个简单的魔术就是,让某个人大声地说出一张牌,然后让他/她在计算机中输入"我的牌是哪张?"经过一些附带计算后,计算机会显示出这张牌。这里使用的方法其实是你有 52 种不同的方法来提问（不管用不用问号，都用"牌是"而不用"我的牌"之类的词语）。他还对这个魔术做了一个惊艳的推广，亲眼所见的人也信以为真。在为一群程序员表演的时候，他还有一个秘密助手，在另一个房间输入一些额外的信息。一个同样狡猾的手法是让计算机在观众面前表演"心理强迫"。这种强迫通常是由一位有感染力的表演者来实施，他能影响观众去挑选一张事先决定好的牌，虽然观众看似有自由选择权（埃尔姆斯利用弗农的五牌心理强制，为那些知道这些单词意思的人表演魔术）。数学、心理学和外部方法的结合能创造出一个真正的阴森森的、令人不安的效果。

我们大约每年一次去伦敦造访埃尔姆斯利。他的大部分时间是生活在史密斯巷 6 号他自己的家中。埃尔姆斯利留在那里照顾他的妈妈。当我们在午夜过后蹑手蹑脚走进他家客厅时，一眼瞥见了她。"这是你的朋友吗？"她问道。"哦，这位是迪亚科尼斯。他在我去美国时很照顾我。"埃尔姆斯利的妈妈礼貌地笑着离开，为我们留出了空间。

埃尔姆斯利的母亲 103 岁时去世。在接踵而至的混乱中，他家的房屋不得不被出售，埃尔姆斯利搬走了，那是他第一次真正的孑然一身。这显然是一段艰难的时期。其中的一个方面在一场魔术中体现了出来。我们正在表演一个第八章所描述的在《易经》基础上开发出来的魔术。在某一时刻，观众（埃尔姆斯利）要求向《易经》提一个问题。他问："我该养条狗吗？"他提问的样子说明，这对他而言是一个极其严肃的问题。我们不记得《易经》怎么说的了，但在我们的追问下，埃尔姆斯利道出实情：两天前，他丢失了钥匙，结果被锁在门外过夜。他不敢在深夜 11 点惊动他的新邻居，睡在了门厅,第二天早晨才叫来了锁匠。发明我们这种魔术的最伟大的发明家似乎连一个可以求助的朋友都没有。

当然也有美好的时光。有一次,我们和朋友杰伊在大英博物院的餐厅里遇到了埃尔姆斯利。在玩了大约一个小时的纸牌戏法后,我们开始交谈。艾尔姆斯利问我们是否还保存着他给弗农的信(我们从火海里抢出了这些信,但那是另一个故事)。我们当然保存着。埃尔姆斯利把手伸进口袋,掏出一个厚厚的包,说道,"我觉得你们应该知道我们交谈的剩余内容。"于是我们将弗农的信递给他,那些信对我们双方而言都是弥足珍贵的藏品。

艾尔姆斯利对魔术的情感跌宕起伏。情绪高涨时,他对所见过的新魔术热情洋溢,想法层出不穷。情绪低落时,我们就找别的话题来谈。一次他问我们,无理数(如$\sqrt{2}$)是否真的有用。他并不怀疑它们的存在,但下面的问题激起了他的兴趣:在现实世界中不存在可以无限精确测量的量。在平面上取一族点,用很小很小的圆圈把每个点圈起来。这些圆圈代表测量误差,我们只是在某个微小的误差范围内知道每个点。他问道,我们能否在每个圆圈里找到一个点,使得每个点之间的距离都是有理数?这个看似无知的问题已经超越了现代数学的范畴。实际上,我们现在还不知道能否找到 8 个点,其中任何 3 点都不共线,或者任何 4 点都不共圆,且任两点之间的距离都是有理数。另一个方面,不能排除在平面上存在一个点的稠密子集,使得它们之间的距离都是有理数的可能性。

我们上面没有讨论多少埃尔姆斯利的魔术。他的大部分魔术都被明奇(Stephen Minch)收录在两卷《阿历克斯·埃尔姆斯利作品集》中,用心叙述。这两卷书中包括了他的个人经历、精彩的非数学魔术以及许多新的数学魔术。它们中的大多数仍有待于提炼。现代人的乐趣之一就是给伟大的魔术师录像。一套 4 张埃尔姆斯利魔术表演的 DVD 光盘现在仍可以买到。

本节最后，我们介绍埃尔姆斯利的其中一个发现，他把该发现称为绣花布原理。做为引子，我们先来回顾一段你们的作者与一位杰出的魔术专家米勒和魔术杂志的出版商之间的激烈对话。出版商问道："完美洗牌有什么大不了的？人们通常只是将其当作某种被颂扬的伪洗牌法而已。还是经过深入研究、经典的方法更好。"我们用绣花布原理作了回应。这让出版商闭了嘴，让米勒也跃跃欲试。我们不会解释它的完美版，相反，我们解释一个由弗农发现的对于灵巧手法要求较低的版本。它来自弗农与埃尔姆斯利的通信（1955.10.25）。这是首次对它进行解释。

大体上，表演者在开始前先写下一个预言，手拿一叠扑克牌，正面朝下。让观众切牌，取一大半递给表演者，小半留在桌子上。用大半的牌进行挤奶洗牌，每次取两张出来放到桌上（见第六章）。这一步结束前，观众可以随时喊停。将剩余的牌放到较多的那叠牌上面。揭开预言，假如预言说的是"红心 J"，表演者从最上面一张开始，同时从大叠和小叠中取牌，每次取一张，直到小的一叠牌全部取完。将大叠中最后取的那张牌翻开，正是我们预言的"红心 J"。

该魔术是自运行的，你只要标记原来那叠牌从上到下的第 26 张，将它作为你的预言就可以了。在表演的时候，大约估计一下观众切了多少张牌。对大半的一叠牌实施挤奶洗牌，按照观众的要求停下来，然后只有当你手里剩余的牌比前面估计的牌少的时候，你才把剩余的牌放在较多的那叠牌上面。

以下是该魔术何以成功的初步解释。任取偶数张相匹配的牌,例如每隔半副牌,颜色和点数相匹配。于是,一叠 10 张的牌,可排成黑桃 A、方块 5、梅花 Q、红心 4、红心 7、梅花 A、红心 5、黑桃 Q、方块 4、方块 7 组成。让观众反复切牌,然后递给你超过一半的牌。接着,如上所述,实施挤奶洗牌法,将这大半的牌放在桌子上。将观众的小半叠牌和桌上的大半叠牌同时一张张翻开。最后两张翻开的牌就是匹配的。任何利用绣花布原理的完美洗牌魔术,都可以改编成更易于操作的挤奶洗牌法。

2 尼 尔

尼尔的大半生是纽约协和神学院的一名精神病学与宗教学教授。他也是一位受命教长,在英国的一家医院为临终病人服务多年。如果你(或你的朋友)在思考生与死的问题,那么我们向你推荐《死亡的艺术》这本书,这是尼尔为他的病人所写的工作笔记。(顺便说一下,你们的一位作者也曾撰写过关于死亡问题的思考,参阅古德曼在 30 年前所编写的《死亡和创造生命:与著名艺术家和科学家的对话》一书。)

言归正传,尼尔是世界上最伟大的折纸发明家之一。我们不知道你的想法,但当有人说他把折纸当做一门业余爱好时,我们的反应是,"哦不,我们即将看到的是几团皱巴巴的纸,伸出几条"腿"来,然后被告知'这是一条狗。'"。然而,尼尔的创作很不一样,经过一番灵巧的折叠后就出现了一个抽象的形象,一个"修女"诞生了。他还经常用单页纸,不需要剪贴,折叠出其他一些不

图 10.4 尼尔

可能的物体。手工折纸是日本的一种艺术形式,尼尔是在折纸方向受到日本人关注的极少数西方人之一。我们不是折纸爱好者,但是最近尼尔出现在一个我们常聚的地方,参加一个小型智力测验派对。消息不胫而走,来自数百英里外的折纸专家济济一堂。他们大多温文尔雅、低调内敛,但即使是局外人也会被观众对尼尔所表现出来毕恭毕敬所鼓舞。

再转个话题,尼尔在人类学、民俗学、哲学和精神病学方面都很专业,他了解魔术的主题和深度,能让普通大众和门外汉感受到魔术的魅力。他深入思考成就魔术的因素、好魔术打动人心的原因以及魔幻体验与被愚弄感受之间的张力,并著书立说。

尼尔的戏剧爱好为他的教学增光添彩。其中的一次互动值得一提。在尼尔位于纽约河畔林荫道上的宽敞的公寓里,两组研究生为他们的毕业设计做课堂演示。两组设计的主题都是"邪恶",第一组直截了当,直奔主题。他们做了一个小小的但是真实的断头台,并抓了一只流浪猫。他们认为,一只流浪猫的生命算不了什么,除非组里其他人提出反对,否则他们就真的将猫砍头。他们巧妙地扭转了少数反对意见,然后动了真格。这一幕震惊了房间里的所有人。在他们的汇报中,他们承认:这只猫患了严重的癌症,在第二天早上就会被安乐死。重剂量的镇静剂确保了它不会感到疼痛。他们想用一种超越谈话效果的方式让人产生罪恶感。他们成功了。

第二组学生的做法如下。他们将观众和成员分成几个小组,分散到几个房间中,进行私密交谈。半小时后集中。交谈停止,他们开始汇报从那些"友好的感情交流"中得知的观众们的私密尴尬事件。人们的缺点,私下所说的关于小组中别的人的坏话,被糟糕地公之于众。真使人难堪、让人发疯。他们对邪恶的认识是"背叛"。他们用一种在场的人都无法忘记的方式揭示了背叛的邪恶本质。

尼尔能在伦理学与宗教学课堂上以这样的方式进行教学,试想,在魔术表演的更自由的空间中他又会怎么做。这很难想象,不过幸运的是,他把很多魔术都记下来了。

在我们开始讲魔术前,先讲一个故事,故事包含了十分精彩的表演素材。一次我们中的一员和尼尔因为航班延误被困在机场。一个 6 岁的小女孩,看上去非常难过,就坐在我们边上。为了安慰她,尼尔转向她问道,"你能和我的朋友打声招呼吗?"这时,他拿出了一张 8.5 英寸 ×11 英寸大小的纸。小女孩很害羞,但也很好奇,她继续看着。尼尔将纸折了几下,他撕开了一个小口(天哪),并画了几个圆圈。他再折了几次,一个可爱的小嘴玩偶出现了。"你好",小玩偶说道。小女孩也说了声"你好",她的脸上顿时露出了灿烂的笑容。20 多年后,留存在我们脑海中的并不仅仅是小女孩的笑容。看尼尔折纸就像看一位纸牌专家在玩牌。就是漂亮。在之后的这些年,我们一直让尼尔教我们表演这神奇的一刻。我们请求他不要恨我们如此热衷于这一打破所有规则的普通折纸。他也知道这很神奇,图 10.5 是教你如何折这个玩偶的一组照片。关于这个经典"鱼"嘴玩偶的更清晰的描述,可参阅哈宾(Robert Harbin)的《纸的魔术》。这不难,但是多练习后才会让折痕变得更光滑。尼尔承认,他的另一项"折纸表演"就是他的跳蛙,见图 10.6 和图 10.7(参阅他的《纸币的折叠》一书中的"牛蛙")。

尼尔的魔术经常用到拓扑学。这是一门关于变形的数学分支,其中,咖啡杯和油炸圈饼被看作是一样的。他可以抓着绳子的

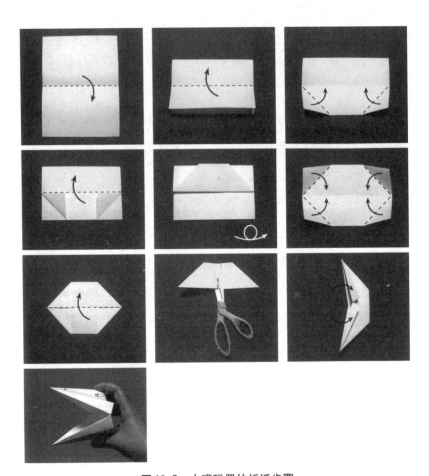

图 10.5　小嘴玩偶的折纸步骤

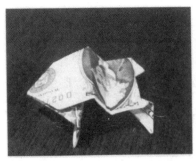

图 10.6　休息的青蛙

图 10.7　准备起跳的青蛙

图 10.8　尼尔教格拉汉姆折飞鸟

两端不松开给绳子打结,在和你握手时将一根粗短的纸管变成一根细长的纸管。他还有一个精彩的魔术表演,让一名观众站在监狱的门内,手始终抓着门闩,帮他从牢房内逃出来。这些把戏在尼尔的书中都有专业的介绍。他的最新作品《这不是一本书》,包含了很多也可用于精彩表演的数学珍宝,以及他的其他作品的指南。我们会在本章的后面讲赫默的一节里,介绍他的"剪刀、石头、布"魔术。

再转而谈魔术。我们来说一个我们自己设计的拓扑魔术,尼尔很喜欢它并且还做出了贡献。我们保密了 50 年,只为"真人"表演过。以下是我们的无端点链条戏法的一个版本,一种大都市街头还有人使用的赌博骗局。

内部——外部

表演者拿出一根闭合的组成环状的链条,将其展开成一个圆放在桌子上。邀请一位观众上前,用一根手指点在圆的内部,触到桌面(见图 10.9)。

表演者将链条拿起来动了几下,解释道,"无论它在你周围怎么扭动,还是圈着你的手指(除非链条顺着你手臂而上,套过你的头拿出)。类似地,如果你的手指在链条的外部(观众照着做了),摆动链条也不会圈住你的手指。"

表演者继续说:"假如我们将链条乱成一团地扔在桌子上,如果你将手指点在它们的中间,很难说手指是在内部还是在外部。"

观众又一次照做了(见图 10.10)。"你怎么想?"表演者问。观众猜"内部"或者"外部",然后表演者将链条拉开,直到链条圈住观众的手指,或者可以自由地抽走。

"让我们用它来做个小游戏",表演者喋喋不休,"瞧",表演者将闭合的链条放在桌上成环状,指着桌上的 A、B、C 三点,说:"这是外部、内部、外部,对吗?"(见图 10.11)。

现在,将链条的连接处往圈里面推,如图 10.12。然后表演者用手指依次点桌上的 A、B、C 和 D 四个点,并说:"外部、内部、外部、内部。"然后在 D 点将链条提起,将其放在点 A 和 C 之间(见图 10.13 和 10.14)。

表演者将右手手指点在点 X,左手手指点在点 Y(见图 10.15 和 10.16),拉伸,让链条从点 X 和点 Y 处张开(见图 10.17 和 10.18)。将链条的两端合拢,如图 10.19 和 10.20 所示。

图 10.9　手指点在一个简单的链圈内

图 10.10　手指点在弄乱的链圈内

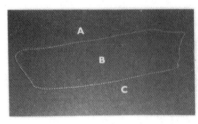

图 10.11　链条成环状放在桌上

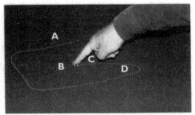

图 10.12　将连接处往里推

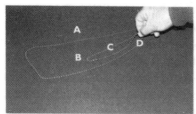

图 10. 13　从点 D 处拿起来

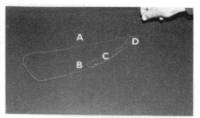

图 10. 14　放在点 A 和 C 之间

图 10. 15　两指放在环内

图 10. 16　另一个方向看

图 10. 17　拉开

图 10. 18　完成拉开部分

图 10. 19　并拢

图 10. 20　最终成形

表演者继续说:"有一个圈是在内部的,如果你用手指点在那儿,你就赢了;有一个圈是在外部的,如果你点在那儿,你就输了。"让观众作出选择,放下一根手指,将链条拉开看它是否圈住手指。通常,观众会将手指放在点 Y 处而获胜。"唔,你以前玩过吗?"表演者问道,"让我们再试一次。"整个过程重复操作一遍,也许这一次是从左边将链条往里面推。观众也许还会猜对,表演者装出懊悔的样子。

"好,这次我们动真格了。"表演者做了一个巧妙的抛掷动作,将链条摆出一个基本形状(如图 10.19 所示)。现在就很难看出手指置于哪一边能赢了。实际上,这次的掷法使得选哪一边都会赢,在下一节我们会对这一招做出解释。这是美国杰出的魔术师犹大(Stewart Judah)的发明。表演者狡黠地看着观众说,"一边赢,一边输,你选择放在哪边?"观众做出选择后,表演者(用略显夸张的表情)问观众是否要换位。无论他的最终选择是哪边,拉动链条时,观众的手指一定会被套住,因而总是赢。表演者装出失败的样子说,"你确信以前没有玩过这个游戏?"

现在,稍稍改变一下语调,表演者提出用一美分做赌注,抛出链条,让观众作出选择,拉动链条后没有套住手指(观众输了)。再练习一次,观众赢了。再次赌一美分的时候,观众又输了。这个游戏还可以继续下去。问题是,表演者有好几种摆链条的方法(后面会解释),一种是选哪一边都赢,一种是选哪一边都输,还有看起来类似的摆法,使得选左边赢,选右边输(或者相反)。

表演几次后,表演者继续念叨,"这些摆法很复杂。让我们回到基本摆法。"链条被摆成环状,实施图 10.10—图 10.19 所示的步骤。这一次,观众已经熟悉了这种形状,知道哪边显然会赢。他缓慢而从容地移动手指。表演者问，是要将赌注翻倍还是不赌。往往有许多观众——觉得自己肯定会赢——会将赌注翻倍。观众作出选择后，表演者拉动链条，手指未被圈住，表演者赢了。实际上，最后一次巧妙的扭转确保了两边都输（归根结底，这关乎是两倍赌金还是输光）。关于魔术的细节，请看下一节。

上述整套程序可以看做一个赌博游戏，可以当做一个教训，教你在街上如何保护自己；或者也可以当做一个故事。表演者可以给几名观众表演，其中一位是"托儿"，他总是赢。有些表演者喜欢挑战观众，而另一些表演者则尽量避免让任何人难堪。无端点链条戏法是三张牌的蒙特游戏和隐藏戏法的同类。它们直到今天都还在广泛使用。在很多魔术文献都记载着各种各样的蒙特牌戏的趣味表演方法，其中多半都可改编成无端点链条戏法。

一根封闭的链条，扭动后放在桌上，很"显然"有一个内部，一个外部。在上面讨论的变形中，链条是一个三维的物体，可以在桌子上自身交叠。来看一个更简单的例子，链条开始时呈简单的环状，没有交叉和其他复杂的变形。显然它还是有一个内部和一个外部。但很难严格地证明这个结论。此即著名的若尔当曲线定理。通常只有在研究生拓扑学课程中才会详细地证明它。我们看到的最简单的证明，是托马森（Carsten Thomassen）在其漂亮的论文"若尔当—舍恩弗利斯定理和曲面分类"中给出来的。近来，数学上倾向于不用启发式几何推理来证明它。这些证明的每一步都经过计算机的仔细检查。最终，黑尔斯（Thomas Hales）于 2005 年给出了若尔当曲线定理的计算机证明。《美国数学会通报》2008 年 12 月的一期上生动介绍了该定理的正式数学证明的历史。

三个最后的秘密

我们现在来解释链条的几种摆法。一些摆法是"公平"的,即一边赢一边输。一个"超级公平"的摆法是两边都赢,而"欺骗式"的摆法则是两边都输。

公平摆法

一个平淡无奇的公平摆法从环状开始,表演者将其转一圈,再将其叠放在自己上面,并拉成最后的形状(具体见图 10.21 至图 10.28)。

我们将右手放在原环的右边,将右边部分拉向左边,将原来的

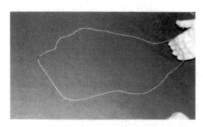

图 10.21　公平摆法的第一步

图 10.22　公平摆法的第二步

图 10.23　公平摆法的第三步

图 10.24　公平摆法的第四步

图 10.25　公平摆法的第五步

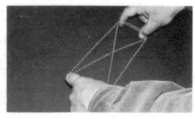

图 10.26　公平摆法的第六步

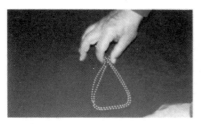

图 10.27　公平摆法的第七步　　　　图 10.28　公平摆法的第八步

右边部分放在上面,然后将其拉直成最后的形状。这种摆法导致右边输、左边赢。若按照镜像将原环的左边部分放在右边部分上面,则左边输、右边赢。摆弄链条并不需要什么技术,稍加练习就可以做顺畅。

"欺骗式"摆法

这种摆法和公平摆法几乎没有区别,但结果是手指无论放在哪边都是输。开始也是一个简单的环,用右手提起右边部分(右手掌心向上),移到左边部分的上面,然后将掌心向下放下。(详见图10.29 至图 10.36)。

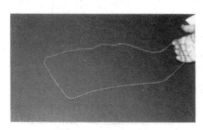

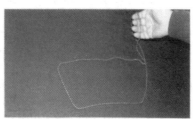

图 10.29　欺骗式摆法的第一步　　　　图 10.30　欺骗式摆法的第二步

图 10.31　欺骗式摆法的第三步　　　　图 10.32　欺骗式摆法的第四步

图 10.33　欺骗式摆法的第五步

图 10.34　欺骗式摆法的第六步

图 10.35　欺骗式摆法的第七步

图 10.36　欺骗式摆法的第八步

"超级公平"摆法

50 年前,辛辛那提魔术师犹大向我们展示了这种摆法。犹大是《大魔术》一书里的十大纸牌魔术明星之一,说话柔声细气,慢条斯理。他的大部分魔术都不需要高级的手法,只要粗暴地操作就可以了。就我们所知,这个手法以前还没有人介绍过。然而,犹大的一名学生特罗斯特(Nick Trost),记录了犹大很多精彩的发明。特罗斯特的魔术书描述了犹大的很多赌博游戏,包括皮带戏法——无端点链条戏法的早期版本。但是,其中并没有关于犹大的无端点链条戏法的描述,倒是介绍了弗莱恩发明的一个有趣的无端点链条戏法。弗莱恩的摆法与众不同,是在空中完成的,最后的四种结果是一样的。犹大的摆法见图 10.37 至图 10.42,这里不作详细介绍。

首先,将链条摆放成环状,放在桌上。两掌心朝上,放在链条较远的一边下面(图 10.37)。双手向内弯曲,手指指向自己,形成两个小环(图 10.38)。两手交叉,保持掌心向上,将这两个环拉到链条的两端(图 10.39)。将环放到桌子上,把手移开(图 10.40),现在将链条拉直成 8 字形(图 10.41 和图 10.42)。如果做得正确,那么观众的手指无论放在哪边都会赢。

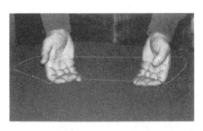

图 10.37　犹大摆法的第一步

图 10.38　犹大摆法的第二步

图 10.39　犹大摆法的第三步

图 10.40　犹大摆法的第四步

图 10.41　犹大摆法的第五步

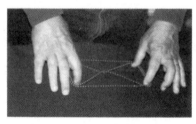

图 10.42　犹大摆法的第六步

概要

　　上述三种摆法背后有一个简单的数学原理。在每一种摆法中,链圈的右边部分都会放到左边部分的上面,在第一种变形中,右边和左边始终保持平行,结果就是手指点右边会输,而点左边会赢。在第二种变形中,先将右边部分扭转一次,然后再将其移放到左边部分的上面,导致无论手指点哪边都会输。在第三种变形中,将右边部分扭转两次再放到左边部分的上面,导致手指点哪边都会赢。花点心思做些练习,你就能巧妙地完成这些额外的扭转,不被观众察觉。

结尾

在表演的最后,表演者回到图 10.11 至图 10.14 所示的简单初始程序。唯一的区别在于结尾。不是将下面的环直接放到上面,而是让它保持平行,翻转过来(见图 10.32)放到最上面。这是用一种完全公开的方式进行操作,而最后的结果是手指点哪边都会输。如果在将上、下两个环叠放之前,先将它们都扭转一次,那么结果是两边都赢。

一切尽在掌握之中,你可以让观众来决定是手指被套住获胜,还是没套住获胜,甚至每一次都可以有不同的胜负约定。在表演中,这种胜负约定的自由性也会带来困惑。最好还是坚持经典的"套手即赢"的约定。我们不再叙述更多的表演细节了,但是很多观众认为,拉开链条的方法会影响最后的结果。你可以让观众自己来拉链条。我们有时会让观众同时在两边点一根手指,拉紧链条,经过一番研究后,再移开一根手指。

弗农魔术

我们禁不住诱惑,再介绍一个魔术。该魔术也许很普通,但它却是弗农这位 20 世纪最杰出的快手最喜爱的魔术。弗农收集了50 种用一根线来表演的即兴魔术。我们记不清其他 49 种了,但有一种陪伴了我们 50 多年。人们对其啧啧称奇。

取一根绳子,打个结形成一个圈(即前面所演示的闭合链条)。让一个人伸一根手指,将链子套在上面。你用左手勾住另一端,适当拉紧链子(见图 10.43)。

图 10.43 起始位置

图 10.44 碰触起始位置

图 10.45 插入手指

图 10.46 开始移动手指

图 10.47 从下方看

图 10.48 靠近另一只手

图 10.49 插入食指

图 10.50 放开无名指

图 10.51 手指相触

图 10.52 放开食指

图 10.53　食指松开了　　　　　　图 10.54　脱去链条

表演者的右手从链条上方伸过来，掌心向下。右手中指接触链子的左边部分 X 点处（见图 10.44），将它向右移至右边部分之上（见图 10.45 和图 10.46）。现在，右手翻转掌心向上，把链条的这一段扭转到另一侧下方（见图 10.47）。右手的食指插进环内与观众手指相邻的 Y 点处（见图 10.48 和图 10.49）。

现在，链条缠绕在右手手指间，右手再次翻转掌心朝下（见图10.50）。左手手指和观众的手指之间的张力，使链子保持形状不松脱。将右手中指放在上面，碰触观众的手指（见图 10.51 到图10.54）。

在表演这个魔术的时候还可以说一些诸如："链圈两端都是被限制住的，我在中间做什么都不会改变这种情况，大家看……!"人们觉得很神奇。

3 克里斯特

克里斯特（Henry J. Christ）是一个魔术圈内非常核心的魔术师。他和 20 世纪伟大的魔术表演大师——诸如莱比锡、卡迪尼、安内曼、芬德利和弗农，他们开创了现代魔术——过从甚密。克里斯特认识他们，常与他们一起饮酒作乐，有时也捉弄他们。所有这些专家都觊觎克里斯特的秘密，也向他展示他们最好的魔术作为交换。

克里斯特 1903 年出生于纽约的布鲁克林。他很早就开始表演魔术，当他还是 7 岁、一双小手还很稚嫩的时候，他的父母给他买了一副小小杜克公司出产的迷你纸牌来练习。他为朋友们创造和表演魔术。一张早期的大学生表演的魔术节目单，显示了克里斯特掌握着多种多样的纸牌魔术。

克里斯特娶皮琳娜（Evelyn Pilliner）为妻，他们有 3 个孩子（理查德（Richard）、迈克尔（Michael）和罗伯特（Robert））。他的工作是纽约交通管理局的一名工程师，他在这个岗位上工作了 40 多年（1924—1968），退休后他弹弹吉他、玩玩他喜爱的魔术。伟大的魔术表演家霍罗维茨（Sam Horowitz）也参加了克里斯特的退休晚宴。图 10.55 记录了他们在 1968 年的样子。

图 10.55 克里斯特(左)和霍罗维茨,于 1968 年

魔术一直是克里斯特最大的爱好。他发明了各种类型的魔术——比如,变换纸牌颜色。从一叠牌中抽出一张,然后将其重新洗进这叠牌里。突然,所有牌的背面由红变蓝,只有刚才观众所选的那张牌背面保持红色不变。克里斯特给伟大的舞台表演家莱比锡表演这个魔术,后者将这个魔术进行了推广。现在这个魔术广为流传。

第一份魔术杂志是安内曼的《厄运》,他向最好的魔术师打听最秘密的魔术,以 4—6 页的版面刊登在双周刊上。安内曼是一个真正的读心专家,他的著作《实用心理效应》是这个领域的经典之作。安内曼搬到纽约后,和克里斯特成了好朋友。安内曼情绪不稳定且染上酗酒恶习。《厄运》出版得很及时,这里面所记录的魔术很多来自于克里斯特。

克里斯特的一些魔术被刊载在《厄运》上。有一个名为"死亡之手"的著名魔术,它的基础是希科克(Wild Bill Hickock)之死,当时他正在玩牌。当他拿着 A 和 8 的"死亡之手"时,被人在背后枪杀了。克里斯特的魔术就是根据希科克的故事设计而成的。最后,当 A 和 8 出现的时候,一声枪响——一声巨响——桌子底下的

图 10.56　克里斯特节目单的外页

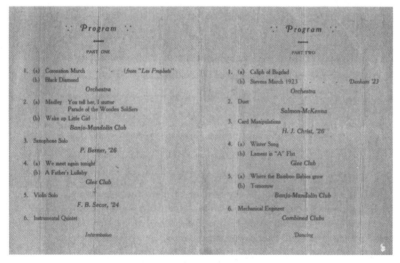

图 10.57　克里斯特节目单的内页

手枪火药纸发出的。这给魔术带来了戏剧性的结局。图 10.58 给出了克里斯特对这个魔术的回忆(作者亲笔撰写)。

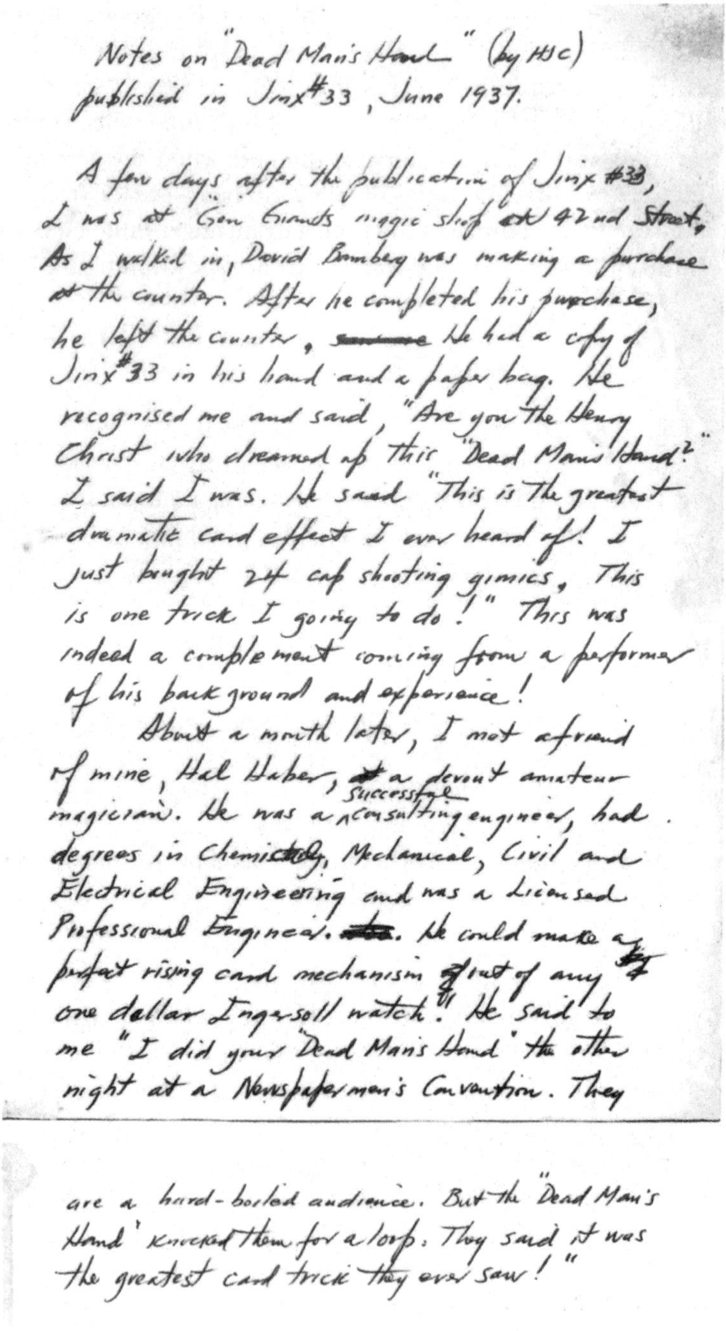

Notes on "Dead Man's Hand" (by HSC)
published in Jinx #33, June 1937.

A few days after the publication of Jinx #33,
I was at Gen Grant's magic shop on 42nd Street.
As I walked in, David Bamberg was making a purchase
at the counter. After he completed his purchase,
he left the counter, ~~someone~~ He had a copy of
Jinx #33 in his hand and a paper bag. He
recognised me and said, "Are you the Henry
Christ who dreamed up this "Dead Man's Hand?"
I said I was. He said "This is the greatest
dramatic card effect I ever heard of! I
just bought 24 cap shooting gimics. This
is one trick I going to do!" This was
indeed a complement coming from a performer
of his background and experience!
About a month later, I met a friend
of mine, Hal Haber, ~~a~~ a devout amateur
magician. He was a successful ~~consulting~~ engineer, had
degrees in Chemistry, Mechanical, Civil and
Electrical Engineering and was a Licensed
Professional Engineer. ~~the~~ He could make a ~~toy~~
perfect rising card mechanism out of any
one dollar Ingersoll watch! He said to
me "I did your 'Dead Man's Hand' the other
night at a Newspaperman's Convention. They

are a hard-boiled audience. But the "Dead Man's
Hand' knocked them for a loop. They said it was
the greatest card trick they ever saw!"

图 10.58   克里斯特的回忆录

"死亡之手"注（作者：克里斯特）

发表在《厄运》第 33 号，1937 年 6 月

《厄运》第 33 号出版几天后，

我在 42 街的格兰特的魔术商店。

当我进去的时候，班伯格正在柜台前买东西，

买好东西后，他离开了柜台。

他手里有一本《厄运》第 33 号，还有一个纸袋。

他一眼认出了我，并说，"你就是设计

'死亡之手'魔术的克里斯特吧？"

我说我是的。他说"这是我听说过的

最具戏剧效果的纸牌魔术！

我刚刚购买了 24 响射击火药纸。

这就是我想要去做的一个魔术！"

这实际上就是一个具有相同经验和背景的表演者

对这个魔术的补充！

大约一个月以后，我遇见了我的一个朋友

哈伯(Hal Haber)，一位虔诚的业余魔术师。

他是一位成功的咨询工程师，

他拥有化学、机械学、土木学和电气工程学学位，

还是一名织造专业工程师。他可以做出

一个很完美的机械装置，让纸牌从

一美元的英格索兰手表上升起来。

他对我说，"我在一个新闻记者的聚会上

表演了你的'死亡之手'魔术，

他们都是一群很难打动的观众，

但是'死亡之手'征服了他们。

他们说这是他们所见过的最好的纸牌魔术！"

克里斯特发明并表演了伟大的机械魔术，以及杯和球魔术（使用不同颜色的球和不同颜色编码的杯子）。他在精妙的自运行纸牌魔术中找到了乐趣。他的一些魔术记录在加德纳的《数学、魔术和秘诀》一书中。克里斯特在 20 世纪 50 年代厌烦了那些魔术师，只和纽约魔术界的圈内人士接触。他的很多魔术被人窃取，以他人的名字发表，因此，克里斯特不再向魔术师们表演自己的魔术。

1960 年，弗农带领我们进入魔术的核心圈，于是我们认识了他。克里斯特向我们展示了一个名为"排除方法"的魔术。四张 A 分开放在桌上，在每张 A 上放几张其他的牌。最后，将这四张 A 放在一叠牌里。这个魔术是用来愚弄魔术师的。发牌和拿牌时，一一介绍并排除四张 A 的标准排列方法——"有时表演者只是假装将 A 发到桌上。为排除这种可能，我将牌面朝上分开发。有些人用外加的 A。为了排除这种可能，我会发给你们外加的牌，你们可以看到它们是什么牌。"最后，四张 A 排在了一起，没有一位专家看出其中任何一点端倪。

我们和克里斯特成了好朋友，在很长一段时间内我们相互通信讨论魔术。他仔细地教了我们近 100 个他的魔术。最后一个就是排除法。我们希望有朝一日能公开这个精彩的魔术，但不在本书中。这里只介绍我们和克里斯特共同发明的一个魔术。

轮盘规则

表演者说,他学会了一个神奇的系统,能保证他在轮盘游戏中一直赢。首先,做一个预测,然后将预测结果交给观众安全保管。用 5 张扑克牌来模拟轮盘:两张红色、两张黑色、还有一张王牌。"无论你选红色还是黑色,我都会下注。出现王牌时,我就输了。"观众选定红色,表演者开始设定以下规则:

这类似于加倍下注的赌法,但有点新花样。无论我赌什么,如果我赢了,下一次就减半下注;如果我输了,下一次就加半下注。例如:我一开始下注 16 美元。如果我赢了,下一次就下注 8 美元;如果我输了,下一次就下注 24 美元(16 + 8 = 24)。

观众说五张牌,每次翻开一张。根据规则,表演者赌了红色。每一笔赌注都记账,最后无论怎么洗牌,表演者都恰好赢 5 美元。当打开观众手上的预测结果,上写"我赢 5 美元"。

假设拿出的五张牌分别是红色、黑色、黑色、王牌、红色。则账单如下:

赌注	赢	输
16	16	
8		8
12		12
18		18
27	27	
	43	38

因此,差额是 43 美元 - 38 美元 = 5 美元,恰好和预言一样。

该魔术是自运行的,可以有多种变型。再检验一次,假设出现的五张牌分别是:黑色、红色、红色、黑色、王牌。这次的账单是:

赌注	赢	输
16		16
24	24	8
12	12	
6		6
9		9
	36	31

差额还是36 美元 – 31 美元 = 5 美元,和预言一致。实际表演时,我们有时候将预测结果写在一张纸的一面上,朝下放在桌子上。账单写在另一面,随着游戏进程依次填写。当然,没有理由非得用扑克牌,也可以用硬币或筹码——2 枚 1 美分硬币,2 枚 10 美分硬币,还有 1 枚 25 美分硬币也同样可行。观众甚至被允许看牌,决定翻哪张。只要所有的牌都翻一次,最终结果都一样。

本魔术起源于加德纳的一张明信片。他的一位读者给他出了一道稀奇的难题,他觉得该难题可能会导致一个魔术的诞生。我们拿去和克里斯特探讨,于是就诞生了上面这个魔术。我们都喜欢刨根究底。以下是我们的发现。

何以成功(以及一些变型)

假设我们有 N 张牌,其中有 k 张红牌,$N - k$ 张黑牌,而我们自始至终都赌红色赢。在我们的例子中,$N = 5$,$k = 2$,$N - k = 3$。(这里我们把王牌——输的牌——也算做黑牌)。下注规则如下:每次下注时,如果上一次下注 A 且赢了,则下一次下注 xA;如果输了则下注 yA。这里 x 和 y 都是正数(在我们的例子中,x 和 y 分别是 $\frac{1}{2}$ 和 $\frac{3}{2}$)。每次翻一张牌,直到结束。

以下是主要发现：

若 $x + y = 2$，则无论怎样洗牌，最后所赢的总额是一样的，等于原来赌注的 $\dfrac{1 - x^k y^{n-k}}{1 - x}$ 倍（或称赢钱因子）。

在我们的例子中，

$$\frac{1 - x^k y^{n-k}}{1 - x} = 2\left(1 - \frac{27}{32}\right) = \frac{5}{16}$$

所以，若一开始下注 16 美元，则最后赢 5 美元。

发现这个结果后，我们找到了一个简单的办法来看待最终结果。假如原来的牌序是红黑黑红红黑……。实验显示，将两张连牌"黑红"换成两张连牌"红黑"，结果是一样的。因此，我们可以将所有红牌都移到左边去，最后的模式为$\overbrace{红红\cdots红}^{k张}\overbrace{黑黑\cdots黑}^{N-k张}$，结果不变。现在就很容易计算得出最后的结果了。例如，开始的牌序为黑红黑黑红，依次变成红黑黑黑红，红黑黑红黑，红黑红黑黑，红红黑黑黑，最后胜出的结果都是一样的。

为什么？考虑赌注为 A、连续两张牌分别是红黑和黑红的情况。以下是红黑排列的计算结果：先赢了 A 元，然后下注输了 xA 元，赢钱总数是 $A - xA = (1 - x)A$。对于黑红排列，先输了 A 元，然后下注赢了 yA 元，共赢了 $-A + yA = (y - 1)A$ 元。如果 $x + y = 2$，则 $1 - x = y - 1$，所以两种结果是一样的。由此，最终的计算变得很容易（只需求寻此数列之和）。同样，不管是红黑还是黑红排列，最终结果都是 xyA。

上述计算和最后的公式有几个推论，这里我们给出其中的两个。对于 5 张牌的赌局，2 张赌赢，3 张赌输，并且 $x = \dfrac{1}{2}$，$y = \dfrac{3}{2}$，最后会赢得初始赌注的 $\frac{5}{16}$。我们也许会问，x 等于多少的时候，我们会得到最佳结果。经过计算后发现，$x = 0.7777\cdots$（略大于 $\frac{1}{13}$）时，结果最佳，赢钱总数为初始赌注的 1.037 倍。第二个推论是，若一副牌只有 1 张赌赢，其他 $n-1$ 张都输，则对下注者而言情况似乎不妙。但是，依然可以选择恰当的 x（并且 $y = 2 - x$），使得无论怎么洗牌，表演者都能赢得初始赌注的固定倍数。当 $n = 5, k = 1$，则最佳的 $x = 0$，这保证了最后能赢回和初始赌金一样多的钱。这意味着每次输了以后，表演者都加倍下注（$y = 2$），等到唯一一次赢了以后（因为 $k = 1$），就不再下注。若 $k = 2$，则对 n 的任意值，x 的最佳值比 0 略大一点，而这一选择确保赢钱数是初始赌金的 1 倍多一点。在图 10.59 中，我们给出了一条曲线，表示当 $k = 2$ 时候赢钱因子随 x 变化的规律。从中可见，当 $x = \frac{1}{2}$ 时，赢钱因子为 $\frac{5}{16}$（这和上例中的结果一致）；当 $x = 0.7777\cdots$，赢钱因子略大于 1。这种现象对任何 $n > 2$ 都是成立的。

实际上，当 $k = 2$，对于 n 的任意值，x 的最佳值（通常略大于 0）都会保证赢钱因子（略）大于 1。

如果我们取 $x = 2$，表演者不断加倍下注，直到赢一次为止。公式显示，只要至少有一张牌能赢，则赢钱的总数和初始赌注一样多。读者需注意，这一切都是建立在样本没有重置的前提之下。若每次都重新洗牌，则击败庄家优势的游戏规则不复存在。

有很多赌博游戏的最后结果都是注定的，和策略的选择没有关系。在"猜红色"游戏中，有 n 张红牌和 n 张黑牌，被充分地洗在一起。每次翻开一张牌，在每次翻开前观众可能猜红色——包括

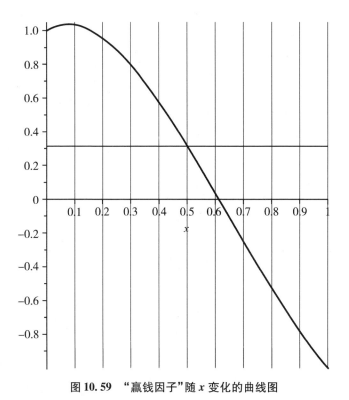

图 10.59　"赢钱因子"随 x 变化的曲线图

第一张——且必须猜一次红色。如果下一张牌是红色的,则观众赢 1 美元,如果下一张牌是黑色的,则观众输 1 美元。由于观众是在牌被翻开前猜的红色,因此,游戏(至少)是公平的。似乎观众可以等到剩余的牌中红牌比黑牌多时,猜红色会比较有利。康奈尔大学的几何学家康奈利(Robert Connelly)的惊人发现表明,这根本无关紧要。无论设计多么复杂的策略(只要不牵扯到将来),游戏是绝对公平的。

　　上述结论的建立与证明所用到的数学原理和轮盘魔术的数学原理是相同的。同样的数学原理也可以用来证明一些赌博规则的不可能性。搜索短语"加倍下注赌博"和"最优停止下注",读者可以找出更多的内容。

类似的意外情形（无论使用什么策略，最后的结果都是已经注定了的）也出现在"芯片启动"（Chip firing）的游戏世界中。我们尚未看到一个建立在这些游戏基础上的合理的、易于表演的魔术。很抱歉，我们不能去问克里斯特。

4 詹姆斯

我讨厌学校,讨厌它的一切,尤其是数学。

本章中的明星们都创造了奇妙的、精彩的魔术。我们不禁会问,"他们究竟是怎么想到的呢? 为什么能成功呢?"詹姆斯(Stewart James)就是一个很精彩的例子。他花了一生时间发明这样的魔术。他的一些戏法成了最基础的、被到处表演的魔术。人们基本上没有想过这些魔术,更没有理解它们。我们向你保证,这可是一座金矿!

詹姆斯出生、生活、去世都在加拿大安大略省的科特莱特小镇。他是一位多产的魔术文献作者,出版了十几本书,发表了几百篇期刊文章。任何对数学魔术感兴趣的人都得去找詹姆斯。

我们认识詹姆斯是在 1961 年的一个魔术会议上——在与一位朋友一道从纽约搭便车到密歇根州的科隆之后。科隆是一个小镇,他们将数百名与会者安置到当地居民家中。我们睡在地板上,但实际上并没有入睡。我们聊魔术、看魔术、表演魔术并且学习魔术,直到精疲力竭。

詹姆斯那时候是一位令人尊敬的长者,我们都还是小毛孩。

但是,靠着魔术作品,我们都到了同一个空间。我们试图彼此愚弄,也彼此教育,享受这珍贵的畅谈秘密的机会。几年后,我们写信给詹姆斯,希望能和这位伟大的魔术师联系。他回信的第一页如图 10.60 所示。他写到了魔术会议的很多生活细节。

April 23rd, 1968

Page One

From: Stewart James
      1506 St. Clair Parkway
      Courtright, Ontario, Canada

To: Persi Diaconis
    136 W. 11th Street
    New York, N. Y..

(a) A really great pleasure to hear from you.   Probably thought I wasn't going to answer.   Will always reply to a letter from you but it may not be promptly as in this case.   At present am involved in completing Volume Two of the Rope ncyclopedia as quickly as possible.   Sid Lorraine is doing ALL the illustrations this time and he is tied up on a previous co it ent for a couple of weeks and so I am taking advantage of this hiatus.

(b) O.K.   This is your address.   But should I not have a Zip Code Number?

(c) I remember very well meeting you at Colon.   I followed you around to see Kane's Wild Card and the Egg Bag over and over again. I remember you doing a card location for the late Stewart Judah. Probably the greatest compliment I can pay you is to say you were the most exciting new personality in magic (to e at least) since Winston Freer.   Entirely different reasons but nevertheless true.

(d) This is not to belittle your performing ability, which is fantastic, but I was even more impressed with your knowledge.   You have probably had the experience I have had so any times.   The individuals who seem to think the beginning of magic was when THEY became interested in it.   I remember so well you coming down the aisle to where I was seated during an intermission in one of the evening shows and talking of Hofzinser.   You gave e the uncanny sensation of conversing with an old man in a young person's body.

(e) Haxton wrote me one time that Peter Warlock had seen you perform. PW said you were absolutely amazing.   I told Haxton I was disappointed PW wasn't impressed more than he was.   By now you must begin to realize I am a fan of yours.

(f) The article you are looking for would be "STRANGERS FROM 2 WORLDS" New TOPS, April, 1963, p41.   Like Yates, Hummer's mathematical monte was the thought starter but in a rather indirect way.   I acquired the Hummer trick, filed it and thought no more about it.   Then Al Koran began getting publicity with it and had Stanley market his presentation.   I took another long look and decided I wanted to eliminate two things and add a third.   I wanted to work without a marker.   I wanted to work without EVER seeing the objects.   And I nted to increase the number of objects.   In SF2W there is no limit to the number of objects but 5 or 7 at the most seem sufficient.

图 10.60   詹姆斯的来信

詹姆斯的信写到另一页后,半途戛然而止。我们写了回信,问是否丢失了一页。他告诉我们,他不喜欢浪费时间来写一些"迟复见谅","你好","再见"之类的陈辞滥调。实际上,他的下一封信的开头写"第 3 页,第 a 段",后接不完整的句子。詹姆斯说他的信就是"信",并一直用这种方式保持通信。

通信数年后,我们决定去拜访詹姆斯。这在当时并非易事,因为最近的公共汽车只能到达离科特莱特 50 英里的地方。根据巴士的时间表,詹姆斯亲自开车来接我们到他家。我们睡在楼下的卧室里,詹姆斯亲自下厨,偶尔离开一个小时去做他的"圆面包",但大多数时间我们都在一起谈论魔术。

我们谈论人物、历史和思想。詹姆斯的家俨然是一个魔术图书馆,收集了各种魔术书,他还打印了一份按字母排序的索引。由于每年都有 100 到 200 本新的魔术书出版,这份索引颇让我们感到困惑——新书不断增加,如何更新索引? 答案很简单:每 6 个月,他就坐下来重打一份!

经过一天半的交谈后,我们想用詹姆斯的牌,为他表演一个纸牌魔术。在这之前,我们都是在空谈魔术,还没有真正表演过。我们向他借了一副牌。他回答:"听上去很奇怪,但我家里确实没有一副真正的牌——这种情况已经持续 4 到 5 年时间了。"要知道,这期间詹姆斯一直在主持一个月刊的纸牌魔术栏目,并在各种杂志上发表了数十篇文章。他解释道:"毕竟,当阿加莎·克里斯蒂(Agatha Christie)写谋杀谜案时,她也不是真的要去杀一个人。"

詹姆斯还要照顾年迈的母亲。在我们造访期间,他母亲对他的注意力被分享感到不快,经常大声尖叫。詹姆斯解释说,他外出不能超过一个小时。他是做一名备用的免费邮递员。他开自家的车子去工作,并学会了坐在"错误的一侧"开车,坐在前排右边的座位,用左手控制方向盘,左脚踩油门和刹车。一天早上,我们和他一起出门,坐在后座上。路上的车不多,但是偶尔驶过的车子的司机因看到一辆无人驾驶的车子在路上不紧不慢地行驶而感到震惊。有一辆车在我们后面跟了一、两英里,当他靠近时候,詹姆斯踩下油门,他又看不到驾驶室内的情形了。

詹姆斯的一个最著名的魔术叫做"Miraskill",简介如下:洗整副牌,每次翻2张。若两张不同色——一红一黑——它们相互抵消,则弃之于一旁;若两张都是红色,则将其放在左边;若两张都是黑色,则将它们放在右边。最后,无论怎么洗牌,红牌对数与黑牌对数相同。表演者可以像解说篮球赛那样解说——"红队得2分",诸如此类。两队最后以平局收场。如果在开始之前先拿走4张红牌,则最后黑队会以4分的优势获胜。

詹姆斯发表的魔术版本和上面的介绍一样平淡无奇。但它有很多可能的变型,我们不明白它为什么没有得到进一步发展。他解释说,他在第一次发现这个原理的时候,兴奋异常,错误地表演给某个蠢人看。此人立即将其四处传播,并做了一些拙劣的、微不足道的变动,声称这是他自己的发明。詹姆斯将这个平淡的版本寄给安内曼在《厄运》杂志上发表,以便获得发明权。他告诉我们:"此后,这个魔术夭折了,我发誓以后再也不去想它了。"

我们偶尔会教一个班数学和魔术。有一年,在我们第二次见面时,一位哈佛的新生芬德尔,给出了以下版本的"Miraskill"——对詹姆斯工作的可塑性作了最佳的说明。以下我们引述芬德尔本人对魔术效果的描写。

你们也许都很熟悉"石头、剪刀、布"游戏。如果不熟悉,也不用担心，规则很简单。两个人从石头、剪刀和布这三个对象中随机选择一个，并同时展示他们的选择。若两人的选择一样，则游戏被看成平局，如果两人的选择不同，则按以下规则确定赢家：

若两人分别选择了石头和剪刀，则石头被视为砸碎了剪刀，选择石头的一方赢。

若两人分别选择了剪刀和布，则剪刀被视为剪了布，选择剪刀的一方赢。

若两人分别选择了布和石头，则布被视为包住了石头，选择布的一方赢。

所以你看，双方赢和输的可能性都是一样的。此外，在一般的游戏规则下，获胜方并无奖励，但输掉的一方要承受由获胜方施加的各种惩罚！

我给你们提供一副牌（见图10.61），你会注意到刚好有27张。切牌、混合。正面朝下，抽出一张放在别处，大家都不知道它是什么牌。重新将牌混洗在一起。取出一支笔，将得分记在我提供的得分纸上（见10.62）。

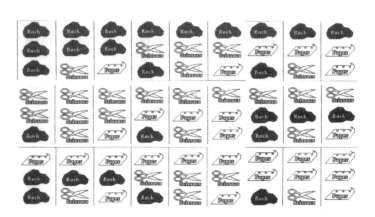

图10.61　芬德尔的27张牌

	石头	剪刀	布	胜者之盒
第一轮				
第二轮				
第三轮				

图 10.62　得分纸

第一轮开始：从所有的牌中抽取两张（每一轮要抽13次），看两张牌最上面的图案，若相同，则视为平局，将牌弃于一旁；若两个图案不同，则输者罚1分。举个例子，若两张牌最上面的图案是石头和布，则在石头下面记1分，因为布赢了石头。再说一次，记住：

石头赢剪刀，布赢石头，剪刀赢布。

等到抽完13次牌，做出最后的比较。石头、剪刀、布三者中有两者的分数具有相同的奇偶性（两个奇数一个偶数，或者两个偶数一个奇数）。将同奇偶的两个图案进行比较。将胜者放入"胜者之盒"中，此即第一轮的胜者。比如，最后剪刀和布的得分都是奇数，则将剪刀写入"胜者之盒"中，因为剪刀赢布。

第二轮重复以上程序。这次对每张牌中间的图案进行比较，在得出第二轮的胜者后，重复程序进行第三轮，这次对每张牌最下面的图案进行比较。

现在，胜者之盒已填满。仔细观察这一栏，并取出最初拿走的那张牌，翻开……

你瞧！！！这张牌上的三个图案和胜者之盒上的图案完全对应。

我们将它留给感兴趣的读者自己来琢磨,为什么会出现这种结果。这和赫默的一个称为"巫术算命"的魔术类似,它们都用到了"Miraskill 原理"。

加德纳很喜欢詹姆斯的一个魔术——里面包含了斐波那契数列,在该数列中,后一个数是前面两个数之和(1,1,2,3,5,8,13,21,…)。这些数是斐波那契于 1202 年在《计算之书》中首次引入的! 斐波那契数列有很多变形和应用。我们将斐波那契数列应用到我们的"日常工作"中。现代数学中最著名的问题之一——希尔伯特第十问题,通过斐波那契数的神奇性质而得到破解。甚至还有一份杂志,名称就叫《斐波那契季刊》,近五十年来收集了很多斐波那契数列以及相关数列的奇特性质。

此外,斐波那契数还和黄金比例以及美学都存在联系。《斐波那契季刊》的一些创始人甚至只在号码是斐波那契数的停车位上停车。斐波那契数列有很多很多隐藏在背后的性质,一再有业余的数的侦探不断做出新的发现。加德纳的《数学马戏团》一书中,介绍了惊人数量的"斐波那契数列专家"。

加德纳惊奇地发现,詹姆斯曾偶然发现了一个新的性质,并且将它成功地应用到一个可表演的魔术中。我们提供一种新颖的变型,并作解释和推广。以下是我们的詹姆斯魔术改编版。

神秘的数字 7

表演者展示一张 4×4 的空白网格,并且说他在背面写了一个预言(见图 10.63)。如果你拿出一张纸,在上面画出这样的空白网格,你也可以跟着我们愚弄一下自己。"现在学校老教学生一些疯狂的事情。我的女儿回家告诉我钟表上的算术。她居然是用模 7 来做的! 我在这里给你们演示一下。任选两个较小的数。"假设观众说 5 和 3。"好,我就从你们所说的数开始"(表演者在网格的前两个空格中填上 5 和 3)。"现在我要将它们相加,然后取模 7 的余数。意思是,如果两个数的和是 8 或者更大,就从中减去 7。让我们看看,$3+5=8$,比 7 大,所以我们要减去 7,得到 1。"表演者在下一个空格中填上数字 1。"现在我们继续,大家看,$3+1=4$,比 7 小,我们在下一个空格中填上数字 4。$1+4=5$,也比 7 小,在下一个空格中填上数字 5。而 $4+5=9$,所以减 7 得 2,我们在后一个空格中填上数字 2。$5+2=7$,尚可。$2+7=9$,故得"(表演者也可以问观众下一个数字是几)"2"。这个模式可以一直进行下去,直到所有的 16 个空格都填满,结果如图 10.64 所示。

图 10.63　一个 4×4 的空白表格

5	3	1	4
5	2	7	2
2	4	6	3
2	5	7	5

图 10.64　从 5 和 3 开始填满方格

如果你跟上我们的步骤,从两个较小的数开始(但不能取两个 7!),填入空格,总是用前两数之和模 7 来得到下一个数。惊奇会在最后出现。从两个随机的数开始,填入的数字也是混乱无序的,但这些数字的正常总和却总是 63。表演者将表格翻过来,上面的预言正是 63。

詹姆斯的初始版本用的是一个 5×5 的网格,并且取模 9。表演者选择第一个数字,观众选择第二个数字,最后的总和始终是表演者所选的数字加上117（所以如果表演者选的第一个数字是5，则最后总和就是122）。美国数学会2007年6月的科尔姆纸牌专栏最后探讨了上述4×4斐波那契模7网格（以及3×3网格版）。

这类魔术是何以奏效？我们考虑模7的版本。这个版本里，观众可以任选两个数字（要求不大于7）。因此，一共有49种不同的开局。然而，前两个数字都是7的这种开局被排除在外（这种开局，根据模7规则来填数字会导致所有格子里填的都是7，一种无趣的模式！）假设开始选择的两个数字分别是1和2，则填入的数字会是：1,2,3,5,1,6,7,6,6,5,4,2,6,1,7,1,1,2,3,5,…，后面的省略号表示循环，循环周期为16。在前16个数字中任选两个相邻数字作为开局，例如2,3或者6,6，则会出现同样的16个整数。因此，总和是不变的（你可以检验，总和是63）。选择一个没有出现的数对，例如1和3，则所产生的序列是：1,3,4,7,4,4,1,5,6,4,3,7,3,3,6,2,1,3,4,7,…，这样我们得到了另一组16对数，它们的总和也是63。最后，选择1,4开局，则所产生的序列是：1,4,5,2,7,2,2,4,6,3,2,5,7,5,5,3,1,4,5,2,…，同样前16个数字的总和也是63。于是，共有16＋16＋16＝48对数，加上排除掉的7,7，共有49种开局数对。

在詹姆斯的版本（模9）中，有81种可能的开局，计算显示有三个周期为24的循环（开局数字分别是1,1；2,2和4,4）；一个周期为8的循环（开局数字是3,3）和一个周期为9的循环（开局数字是9,9）。斯图尔特起初不允许开局的两个数字都是3的倍数（不让观众选择3的倍数更容易实现魔术），那样的话，填入方格中的25个数字都在某一个周期为24的循环中产生，它的第25个数字重复第一个数字（这个数字刚好是观众所选的）。由于三条"长"循环中的所有 24 个数字之和是 117,预测的结果就是 117 加上观众所选择的数字。詹姆斯本人修改了这一版本,他注意到,如果开始的两个数字是来自"短"循环(循环周期为 8),则预测的总和是 81 加上观众所选择的数字。

这里有两个关键的特征:可能的开局周期和不同循环的数字总和。在模 7 的情形中,有 3 个周期为 16 的循环(还有一个周期为 1 的循环),所有周期为 16 的循环中,16 个数字总和都是 63。有人也许会尝试使用各种不同的模,寻找这两个特征。举个例子,以 5 为模,则有一个周期为 20 的循环(20 个数字之和为 40),还有一个周期为 4 的循环(1,3,4,2)。因此,可以准备一个 4 × 5 的网格,预测结果写 40。让观众选择两个数字,填入最前面两个方格内(避免开局出现 1,3;3,4;4,2 和 2,1,当观众选择这些数对时,颠倒顺序填入,即变成 3,1;4,3;2,4 和 1,2)。好奇的读者会发现模 8 会造成混乱!

对于斐波那契数列的周期,有相当多的数学研究。举个例子,研究证明,如果模 p 是一个素数且模 5 余 ±1,则该数列的周期可以被 $p-1$ 整除。例如 $p=11$,则它的周期为 10(显然可以被 $p-1$ 整除)。对于模 5 余 ±2 的素数 p,则周期必整除 $2p-2$。这方面的研究结果还有很多,有一些还涉及来自数论的复杂结果。老实说,我们并不认为这些戏法很有用,它们都太慢,太容易出错了。也许读者可以创造一个故事,让它们的表演更显精彩。

我们以詹姆斯顽皮的一面来结束我们对他的回忆。詹姆斯喜欢双关语和文字游戏,我们用他的两个游戏来博君一笑。首先是大家所熟悉的一个排列 $\frac{wood}{Ralph}$(读作 Ralph Underwood)。那么你能读出 $\frac{u\ all\ s}{now}$ 吗? $\frac{0}{BeD}$ 又是什么呢?

5 乔 丹

乔丹是第一位伟大的数学纸牌魔术发明家。我们已经用了好几章的篇幅来说明他的一种思想的应用：他是第一位在他的无尾果魔术（见本书的第二、三、四章）中应用德布鲁因序列背后原理的人。乔丹有一笔跻身当今先锋派魔术师的神秘遗产。1915 年，他突然出现在魔术杂志的广告中为神奇的新魔术做宣传。一直到1923 年，他的新魔术、魔术书和个人秘密层出不穷。之后，他基本上就销声匿迹了，除了他的一些被企业家们收购的旧作品。他的魔术有时候会被说成是其他人发明的，对他的描述经常是一个皮特鲁曼的养鸡场场主，他发明并销售别致的收音机，……。以下是我们所知道的零星信息。

乔丹于 1888 年 10 月 1 日出生在加利福尼亚州的伯克利，父亲是查尔斯·罗内特·乔丹（Charles Ronlett Jordan）。他于 1944 年 3 月 24 日在加利福尼亚州皮特鲁曼他妹妹伍德森（George Woodson）的家中去世。

图 10.65 乔丹

他一开始将魔术当做一种业余爱好,但因害羞而不敢表演。他转而向别的魔术师出售魔术,他的一个最精彩的魔术就是这样面世的。

魔术地平线上的新人

远程读心术:将一副普通的扑克牌邮寄给任何人,要求他洗牌,并选择其中一张。再洗一次牌,然后将其中半副寄回给你,但并不透露他所选的那张牌是否在这半副牌中。而在回信中,你说出他所选的那张牌。

价格——2.50 美元

注:收到 50 美分后,我会为你做具体的演示,如果你想要知道秘密,再汇款 2 美元。

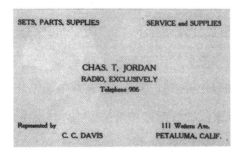

图 10.66 乔丹的名片

这个广告于 1916 年 5 月刊登在美国最早的魔术杂志《狮身人面》上。1916 年,一本《狮身人面》杂志售价 10 美分。而在 2009 年早些时候,我们写这本书时,同类杂志售价是 5 美元,涨了 50 倍。因此,乔丹以极高的价格出售他的魔术。这也是一个绝妙的魔术,前无古人。魔术师们争抢乔丹的魔术。购买了该魔术的人会打印出副本,再转卖给其他人。该魔术直到今天依然让人兴奋不已，我们会在本节后面介绍乔丹的魔术，现在我们先来讲一下他的生平。

乔丹搬到了加利福尼亚州的彭格罗夫，在那儿当了很久的养鸡场场主。他还有许多其他的爱好。有一阵，他设计并亲自制造大型收音机。现在皮特鲁曼地区还有一些乔丹制作的神奇的收音机“潜伏”在阁楼上。我们看到过一台，有 3 英尺宽，5 英尺长，3 英尺高——一个庞然大物，木制工艺精美，内含很大的电子管。

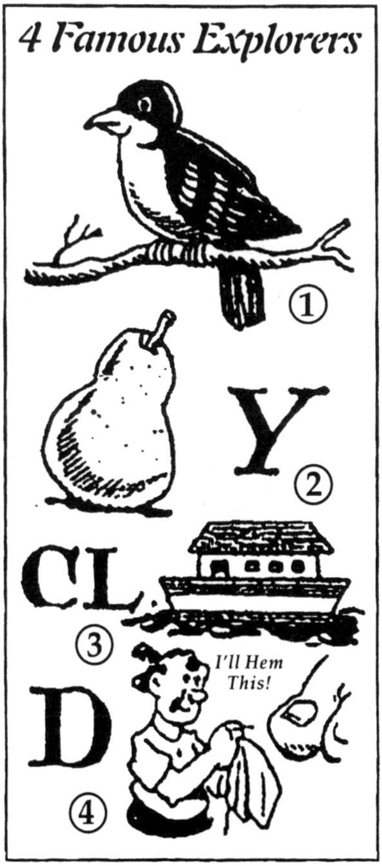
4 Famous Explorers
①
Y
②
CL
③
I'll Hem This!
D
④

图 10.67　著名探险家（选自《印第安纳波利斯新闻报》）

乔丹在另一个方向上过着活跃的秘密生活。据伯纳姆（J. Burnham）所说，他是“美国 20 世纪 20 年代至 30 年代智力竞赛的冠军”。报纸上经常办一些比赛来增加读者群。每天在报纸上都会有脑筋急转弯，说不准一幅卡通或一个字谜里面就隐藏着名人的名字。这种智力谜题通常也叫做画谜。例如，图 10.67 要读者们猜出四个著名探险家的名字。答案会在第二天公布。这个例子中，答案是：第一位是（海军上将）伯德（Byrd），最后一位是德索托（DeSoto），中间两个我们留给读者来回答。

图 10.68　68 号画谜（选自《印第安纳波利斯新闻报》）

乔丹和布莱克利奇（Blackledge）参加的竞赛有所变化。比赛最初的通告如图 10.68 所示。根据题意和谐音，得出正确答案是德莱塞（Theodore Dreiser）。这只是 90 个问题中的 1 个，而参赛者必须全部猜对。

寄来全部正确答案的读者将赢得奖金。乔丹和他的一帮同事开始参加并赢得这类比赛,开始是在附近的城镇,后来扩展到全国。他们每年获得了数万美元的奖金(在当时是很大的数目)。他们很快就被禁止参加比赛,不得不找些托儿替他们赢得奖金。于是,乔丹将目光转向魔术界。乔丹为了寻找出色的魔术师,写下了这样一段话,"你也许记得我,我是纸牌魔术发明者……"。他提出了一项交易条件,他会提供所有的答案,而魔术师将会拿到总奖金的10%。我们幸运地得到了那段插曲的一个完整记录。乔丹于1938年和印第安纳波利斯的著名魔术师老布莱克利奇取得了联系。布莱克利奇是一位舞台表演家,他的一些闪亮的保留节目已经成了现在魔术师的标准节目。他的好几个魔术被收录在多卷本《魔术中的塔贝尔课程》中。他是印第安纳波利斯年轻魔术师的精神领袖。其中一位魔术师赖泽(Harry Riser)详尽地记录了布莱克利奇的遗产。

布莱克利奇接受了乔丹的邀请,于是情节开始变复杂:乔丹的团队并不是比赛中唯一一支专业团队。一开始,问题很简单,200余人提交了90个卡通谜题的正确答案。然后一轮接着一轮,最后只有少数几个参赛者提交了每一个问题的正确答案。这其中就包括了布莱克利奇。他在乔丹从加利福尼亚发来的电报和快递中获得答案。余下的参赛者被要求亲自来报社的办公室进行最后的测试!毫无疑问,其他获胜者也是联合组队的托儿,他们和布莱克利奇一样紧张,且不善于解谜题。布莱克利奇答出了5个问题,名列第二(布莱克利奇获得了一千元奖金,他和乔丹的团队公平地结清账目)。故事的发展紧张刺激,在图10.69—图10.76我们再现了部分关键的通信。

Penngrove, Calif.,
January 6, 1938.

Mr. J. Elder Blackledge,
4011 North Meridian St.,
Indianapolis, Indiana.

Dear Mr. Blackledge:

In corresponding with Max Holden, of New York City, he suggested that I write you concerning a contest now being conducted by the Indianapolis News. If not interested yourself, I would appreciate it very much if you could put me in touch with some good reliable person who might be.

The contest I refer to is the "Game of Names," and closes within the next few weeks. One of the requirements is that the entrant be a resident of Indiana. As I have no correspondents in your state, I wrote Holden, who has helped me out on matters of this sort on several previous occasions.

In brief, the set-up is this. Working with a friend in Oakland, Calif. on just this type of contest, in each case working through a local name for the entrant, we both ran our incomes into five figures last year, which naturally means that we succeeded in landing a major prize in nearly every case. Nothing in the rules whatever prevents the local entrant from obtaining assistance from whatever source he desires and the whole thing is perfectly legal and above board.

Our proposition is this: We pay all expenses in advance, and when the contest is concluded, we permit the entry name to retain 10% of the win as compensation for acting as our representative. The contests are usually wound up in short order, and in the case of the NEWS, the commission would be $500 in case of a first-prize win, which we have succeeded in accomplishing more than once.

If you would be interested in such a proposition yourself, or if you could refer me to some reliable friend who would be willing to act as our representative, I would be more than grateful for your cooperation.

At any rate, please hold the matter confidential, and let me hear from you as soon as possible, when, if you or some friend of yours would like to take me up, I will immediately send a remittance to cover expenses, and detailed instructions. As the contest is drawing to a close, the utmost haste is essential, and I enclose a stamped addressed envelope for your reply.

Thanking you in advance for any assistance you can render me, and with all good wishes, I remain,

Box 101   Very truly yours,

                                           Charles T. Jordan

图 10.69　乔丹给布莱克利奇的第一封信

Mr. Charles T. Jordan,   January
Box 101,   12
Penngrove, California.   1938

Dear Mr. Jordan:

Upon my return to Indianapolis I find your
letter of January sixth.

I see no reason why I can't accept your
proposition. My engagements out of the city
I think in no way interfere with this. If you
will give me the details I'll do all I can to
help.

I shall expect to hear from you in the near
future.

Sincerely yours,

4011 North Meridan Street,
Indianapolis,   Indiana.

图 10.70　布莱克利奇给乔丹的回信

Mr. J. Elder Blackledge,   Penngrove, Calif.,
Indianapolis, Indiana.   January 15, 1938

Dear Mr. Blackledge:

    Thank you for yours of the 12th, which arrived this morning. I can't tell
you how much I appreciate your willingness to cooperate with us in this matter.

    First off, I enclose a money order for $10.00, which will more than cover
preliminary expenses.

    The first thing necessary to do is to obtain from the paper back cop-
ies of all pictures, and the answer forms for each week. I believe today is the
close of the first 13 weeks of the fifteen-week contest, and as they charge three
cents apiece for the back pictures, it will be necessary for you to call at the
paper office and purchase all back pictures, or to cut out the form which appears
each day in the paper and mail it to them with the necessary amount of money. You
have them mail them to you, of course, and immediately [after] you receive them,
please mail the entire lot by air-mail special delivery, to Mr. J. S. Railsback,
2459 Truman Avenue, Oakland, California. This is my partner's address, and we use
it for most of the correspondence, as mail connections are so much better there.

    Then it will be best to subscribe to the paper for a month or two, and
clip the pictures each day, and mail same say every two or three days to the same
address in Oakland. It is not necessary to send us the answer forms. Just retain
them, and as soon as we have the puzzles solved we will return them to you, and
you can send in the entire lot of ninety, with the necessary $1.50 during the
week which is allowed following publication of the final picture.

    I am sure everything will work out all right if you will have some member
of your family tend to the mailings to us in case you are out of town.

    Of course these preliminary pictures are comparatively simple. The real
difficulties arise upon issuance of the tie-breakers. Usually anywhere from 10
to two or three hundred contestants submit correct solutions to the preliminary

pictures. Then, in two or three weeks, the paper mails out tie-breakers, which contain anywhere from 60 to 90 extremely difficult puzzles. It is extremely urgent that these tie-breaking pictures reach us at the earliest possible moment after they are issued. We [will] have them photostated and [will] return the originals to you immediately, sending you the solutions by air mail daily, and the remaining few by wire. As they sometimes allow only five or six days for working the tie-breakers, you can see the necessity of their reaching Oakland on the earliest possible plane after they are received by you. So if you are not in town at the time, if you can arrange to have them forwarded to us by some trusted friend or relative everything should work out nicely.

When we send you the solutions we also include a complete explanation [of] how they are arrived at, so that you will be at all times kept informed as to what it is all about. Naturally our names etc. are not to be mentioned to the paper, but after the whole thing is over there is nothing to be harmed by admitting that you had outside assistance if the question is ever brought up. It seldom is, as nothing in the rules declares that you may not have all the assistance you desire.

As I wrote you previously, we will pay all expenses in advance, and when and if a prize is won, you are to retain ten percent of it and your state income tax, if your state has one, [with] the balance to come to us -- we of course pay the federal income tax of same. But all of that can be gone into later, of course.

Mr. Railsback will write you further on this matter just as soon as we know that you have mailed the pictures to us. And I would appreciate it very much if you will wire him collect, in Oakland, just as soon as you have mailed the puzzles, to some such purport as:

"Papers mailed to-day."

Thanking you again for your assistance, and trusting that the whole enterprise will prove mutually profitable to us, I remain,

Sincerely,

Box 101   Charles T. Jordan.

图 10.71　乔丹给布莱克利奇的回信

Dear Contestant:

This is Official Notification from The Indianapolis News that as a result of your answers submitted in the "Game of Names" Contest, you are tied for a prize.

Just what prize you will win, if any, will depend on your answers to the tie-breaking cartoons we are enclosing. This is in accordance with Rule No. 5 of the contest which provides, in case of ties, another set of cartoons will be submitted to the persons tied.

Your answers to this tie-breaking series of cartoons must be filled in directly under the cartoons to which they apply, and the folder must be returned or mailed to The Indianapolis News on or before Midnight of ___MAR　6 1938___ .

Trusting that we will receive your answers promptly, and with best wishes for success, we are,

Cordially yours,

Enc.

Games of Names Editor
THE INDIANAPOLIS NEWS

图 10.72　报社通知他们晋级决赛

```
LD65 HG 14
     INDIANAPOLIS IND 1234P MAR 25 1938
J ELDER BLACKLEDGE, DELIVER PERSONAL ONLY
     4011 NORTH MERIDIAN ST INDPLS
OFFICIAL NOTIFICATION THAT YOU MUST WORK TIEBREAKER
AT OUR OFFICE NINE AM MARCH 26
     CONTEST DEPARTMENT THE INDIANAPOLIS NEWS
                              1252P
```

图 10.73　报社通知布莱克利奇他必须亲自到报社参加比赛

                                    2459 Truman Ave.
                                    Oakland, Calif.,
                                    March 10, 1938.

Dear Mr. Blackledge:

        In spite of the fact the mail planes were delayed last week end, we believe we had all titles correct on the breaker. Another breaker came from Boston at the same time but we were unable to complete it, so had to drop out.

        Inasmuch as there may possibly be another breaker to solve, and you couldn't mail us your own copy, due to the short time they would probably allow, our only chance to stay in the running, if another breaker is necessary, is to have you get a photostatic copy of it and shoot it out. So I am enclosing $15.00, which should be enough to cover the cost, and trust you will do so if necessary. Any Blue Print shop will make it for you, and will usually hurry it if you ask them to. We would want one negative and one positive copy, the same size as the original. If we can get even twelve hours on it, we will have a good chance to crack it. If this becomes necessary, please wire me the same as before, giving number of pictures, closing date, and the time you mail it, so we can figure when to expect it.

        You might phone the contest editor and ask him when the results of the first tie-breaker will be announced, and if any further tie-breakers will have to be solved. Might get an idea that way as to the possibility of another one.

        If they should call on you and tell you that there were ties for first place, and ask if you would rather divide up the prize money involved than work on another one, tell them by all means you would be willing to split. This would insure a fair prize and avoid any further work on it. This often happens when only a few are tied.

        You have probably grasped the way in which these puzzles are solved, that is, the title to a given cartoon is made up of the sounds, syllables, or words represented by the queer objects, etc. in the picture. For instance, picture No. 4, which was "Tom and Jerry". TOMAN (Scotch) is a mound (the word mound, uttered by a Scotchman, appears in the picture)--D, the letter is on a sign post--JERRY (a railroad section worker). Running these together, we get TOMAN-D-JERRY, or Tom and Jerry. It's just a matter of dividing up each possible title under the picture, until we find the definitions that fit words under the picture, which strung together, produce the complete title. Just plain old dictionary digging, and you'd be surprised the number of different ways a word can be spelled and still pronounced the same way.

        If you get any advance information from the paper, please let me know at once. And many thanks for your efficient and kind help so far.

                                    Sincerely,
                                    J. S. Railsback

图 10.74　乔丹的伙伴雷尔斯巴克告诉布莱克利奇他们进入了决赛

Mr. J. S. Railsback,   April
2459 Truman Avenue,   6
Oakland, California.   1938

Dear Mr. Railsback:

I have been waiting to write you until I know what the results of the con-
test were. In the yesterday afternoon News the enclosed was published.

As you know, on March 26th I went down to the News Office with four others
for the second tie-breaker. There were two women (Mrs. O'Hara was one) and
two other men. We worked from 9:00 in the morning until 6:00 that after-
noon. From the check on the answer list I got five correct - which was not
quite enough. These were, to me at least, very difficult. I did the best I
could going in there cold - just about the same as playing tennis with Bill
Tilden. It was quite a surprise to me to be called but I didn't want to let
you down. I had never solved any of these before and all I knew about it was
the instruction Mr. Leonardgave me. And by the way, none of the tips were
there. Of course, had you been able to solve this last bunch yourselves the
result would have been first. I am sorry I fell down on you but, as I say,
I did the best I could under the circumstances.

I have the check and as soon as I find out just what my taxes on the full
amount will be I'll send the balance to you. Do you want the check made
out to you?

With Best regards, I am
Sincerely yours,

图 10.75 布莱克利奇对在场人士在决赛中表现的描述

                                                      Penngrove, Calif.,
                                                         May 10, 1938.

Dear Mr. Blackledge,

        It may seem like criminal negligence, my not having written you
sooner, but for the last few weeks we have been tied up with a series of tie-
breakers of various sorts that has simply kept us on the jump every minute.
        Wanted to thank you sincerely for the fine attention you gave the
Indianapolis contest, and for your swell sportsmanship in daring the brave
the interior of the newspaper office for that totally unexpected tie-breaker.
Usually when so few are tied the paper goes around to see them, and ask if
they care to split the prizes, so naturally we anticipated that procedure if
another tie-breaker was not mailed out.
        Anyway, it's over with now, and I thank you again, also for your
prompt remittance. If I had any favorite card trick or a dozen of them, they
would be yours instanter [sic], but the truth of the matter is, I gave up all
connection with magic years ago, and have practically nothing pertaining to
it on the place.
        Railsback and I will be very glad to see you when you come to the
coast this fall. Be sure and advise us well in advance.

                                      Sincerely,
Box 101
                                   Charles T. Jordan

图 10.76 乔丹恭贺布莱克利奇获得个人佳绩

乔丹不仅仅从画谜生意中挣钱。根据伯纳姆所言，"他（乔丹）是画谜、名人资料和各类竞赛主题的书籍的狂热收藏者。在他去世的那天晚上，他要求医生给他一份手术器械的目录供收藏。乔丹是执着的业余爱好者，直到生命的最后一刻"。

完美洗牌法探源

乔丹出售的第一个魔术是"惊魂记"，而后来的许多效果取决于以下观察结果：普通的完美洗牌法并不能将整副牌彻底混合在一起。为了更好地理解这一点，设想有一副完整的扑克牌，13 张黑桃从 A 到 K 排列放在这副牌的最上面。洗牌时，和平时一样将牌分成两叠，然后将两叠牌弹洗在一起。这样，黑桃就和其他花色的牌混在了一起，但是它们之间的相对顺序（依旧）是从黑桃 A 到黑桃 K。如果你想象不出来，可以拿一副牌试一下。最初的想法是很早以前由英国魔术师威廉斯（C. O. Williams）提出的，他于 1913 年9 月在《魔术》杂志上发表"在一次真正的洗牌后读取 52 张牌"一文。乔丹承认威廉斯的魔术，并且以极大的热情开始对它进行研究。

我们现在是按照以下方式使用这个原理。将一副牌邮寄给一位朋友（表演时，表演者可以将牌交给观众，然后自己转过身）。"切一次牌，洗一次，然后再切一次，洗一次，最后再切几次。我想你一定同意，现在没有人知道最上面是哪张牌了。请将这张牌翻开，看一眼并记住。然后将这张牌插入整副牌的中间。随意切一次牌，再洗一次牌。然后将牌寄回给我。哦，是的，每晚 6 点钟，请将注意力集中在你的牌上。"当表演者拿到牌后，可以解开谜团，找出观众所选择的那张牌。

这副牌在邮寄之前是按照已知顺序排序的。为便于介绍，不妨假设所有黑桃从 A 到 K 放在最上面,然后是梅花 A 到梅花 K,紧接着是红心 A 到红心 K,最后是方块 A 到方块 K。如前所述,经过一次完美洗牌后,牌变成了两条环环相扣的链条(见图 10.77)。

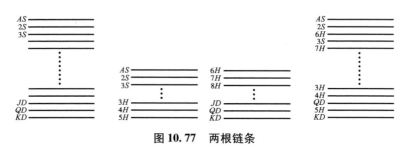

图 10.77　两根链条

第二次洗牌后结果如何?上面一半牌被切下来——这里面有两根链条,下面一半牌里也有两根链条。当这两半弹洗在一起时,整叠牌就有四根链条,再洗一次后,就会得到八根链条。当最上面那张牌插到整叠牌的中间时,就形成了只有一张牌的第九根链条!

当表演者将牌取回时,可以通过单人纸牌戏法来解开链条。翻开最上面的那张牌,并将它正面朝上放在桌子上。假设它是红心 6。如果下一张是红心 7,将其放到红心 6 上面。如果不是,则放在边上另成新的一叠。继续这个步骤,要么叠上去要么重新起一叠。直到所有的牌都发完,会得到八叠,其中每一叠的张数大约是总牌数的八分之一。而第九叠牌只有一张,就是观众所选择的那张牌。

由于重复几次切牌,牌可以被看做是循环的,所以最底下的牌(方块 K)是挨着最上面的牌(黑桃 A)的。最好练习一下切几次洗一次,然后洗两次。这个魔术也有很小的失败的可能性(比如,如果放回的牌离最上面一张牌很近)。拜尔(D. Bayer)和迪亚科尼斯经过大量的实验证明,这个魔术的成功率在 90% 以上。他们还给出了一个解开八根链条的更精炼的方法。

乔丹的魔术是我们最著名的一个数学定理的关键——该定理说，至少需要七次普通的完美洗牌，才能将全部 52 张牌充分打乱。上面的讨论表明，三次洗牌肯定是不够的。类似地，经过五次弹洗后，一叠牌最多会有 32 根链条。一副充分混合的牌平均大约有 26 根链条，但是也很容易超过 32 条。更仔细的分析表明，经过五次洗牌后，仍有相当多的可能排列无法获得。请注意，这是真的，无论怎么表演洗牌：干净利落地、随意地又或者每次洗牌相互依赖。为了进一步说明这一点，我们再介绍一个完美洗牌法更自然的模型，它是由贝尔实验室的科学家吉尔伯特（Ed Gilbert）、香农（Claude Shannon）和里兹（Jim Reeds）创用的。这个模型显示，在第七次洗牌后，原来的排列顺序会消失，以成倍的速度趋向于零。这些细节就目前的手法而言太过技术性。对洗牌法的分析有着许多的数学推论和实际应用。

回到魔术上来。乔丹原来的远程读心魔术并不冒险。重复切牌几次，完美洗牌一次，然后把牌分成两叠。从其中一叠牌的中间抽出一张牌，记住后再放到另一叠里。最后，选择任一叠，彻底洗牌，并寄回给表演者。根据以上这些信息，读者能够知道表演者是怎么找出这张牌的。这需要一点想象，但一定会成功。

我们从乔丹的发明中学到了很多，无论是在魔术方面还是在数学方面。他鼓舞所有认真对待数学魔术的人。詹姆斯写道，"对我来说，乔丹是纸牌魔术所造就的最伟大的思想家"。在我们写这些文字时，克里斯特（Henry Christ）关于乔丹个人出售魔术秘密的档案就摆在我们面前。每个秘密一经面世就被买走。人们爱不释手并将其珍藏（信封和已褪色的"秘密花招"）。在 20 世纪 20 年代，个人的秘密售价在 50 美分到 2 美元之间。这种秘密有一百多个，这需要很大一笔投资。不过回过头来看看，我们很高兴已有人为之投资，也希望有更多被珍藏的秘密大白于天下。

THE cTj SERIES OF MAGICAL EFFECTS

THIS ENVELOPE CONTAINS COMPLETE INSTRUCTIONS FOR:

No. 17, THE CLIMAX!
PRICE, 50 CENTS.

FOR SALE BY

CHARLES T. JORDAN

BOX 61. PENNGROVE, CALIFORNIA.

图 10.78　乔丹的一个信封

6 赫 默

天才这个词很容易产生歧义，因此，我们很少用在别的地方。但对我们来说，赫默是一个发明数学魔术的天才。他也是我们所遇到过的比较古怪和特别的人。本书就是从他"翻两张"魔术的思想开始的。以下我们将介绍他的基于数学的"三张牌的蒙特戏法"（Three-Card Monte）。先叙述一下我们仅知的他的一点生平。

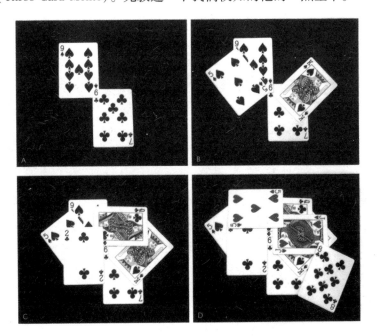

图 10.79　牌的一种摆法（见图 10.80 的解释）

PRELIMINARY PREPARATION:— Remove the four sixes from a blue-backed pack of cards and place them in four of your pockets, remembering which is in each pocket. Find the four Sevens and the four Nines. Place the Sevens at four spots on the table, each face up and seven or eight inches distant from the others. We are going to give the Sevens such an innocent appearance that any one would swear they were Sixes — indexes and all. You will be instructed how to make one Seven into a Six, the same operation holding good for the other three. The accompanying illustrations make the matter clearer than a page of words could. Note that you first place the corner of a Nine of the right color over an index of a Seven, THE REVERSED "9" ("6") making a perfect "SIX." (See 1.) Then place additional cards, as in 2, which conceal the juncture of the two. Additional cards are applied, as in 3, and a few more as in 4. Could you desire a more natural appearing Six-spot than the camouflaged Seven in 4? Each of the Sevens is built up in this manner, and balance of the pack is scattered face up over the table, connecting the four foundational heaps and giving the appearance of a pack scattered haphazard, face up on the table. NOW remove the four Sixes from a red-backed deck, and put them in a heap face up, just in front of the layout on table. They seem to be a part of the scattered blue pack, if they are observed at all.

PRESENTATION:— Pass the red-backed pack (minus the Sixes) for a thorough shuffle, and holding it in plain sight, place it face up on table, directly on the four Sixes. Step away. Ask a spectator to step to table. He turns the red pack (now complete) face down in the clear. He then deals pack, one card at a time, into four face down heaps. This brings a Six to bottom of each heap. Turn away, and ask him to lift any heap and note card at face of it — then to gather up the four heaps, shuffle pack and lay same aside. Now direct him to look at the scattered pack, and tell you if a duplicate of his card is there. Naturally he replies: "Yes," for it seems to be. Have him place his two hands flat on the cards, that none may escape. Spread a borrowed handkerchief over his hands and the cards, and have him square up pack under its cover. This done, he removes the handkerchief himself. Tell him to grasp the cards very tightly, and to name card he chose when you count "Three!" He does and to his amazement, you (reaching into the proper pocket(produce his card therefrom. Then watch his face as he searches the pack.

图 10.80　魔术"顶峰"的指导语

图 10.81　两张常见的赫默的照片

赫默于1906年1月25日出生,1981年4月死于马里兰州的格雷斯港。他的父亲为救世军工作。赫默还有一个兄弟和一个姐妹,但我们对他的早期生活知之甚少。他最早是以舞台纸牌表演大家勒保罗(Paul Le Paul)的秘密助手身份出现在魔术舞台上的。勒保罗在表演的时候,会从观众席中挑赫默上来当"自愿者"。赫默在舞台上的形象十分滑稽,能自然地把观众逗笑。虽然我们主要关注他的数学发现,但他的魔术手法也很出色新颖(我们现在仍在使用他的单手变色魔术)。他发明并表演了很多奇怪的魔术。他能将一张牌抛到空中,围绕他的身体转360度,直到用手抓住它。他还有一项极引人注目的绝技——选一张牌并签上名之后,他将这副牌扔向附近的窗户,窗上的窗帘半拉着。将窗帘拉开,观众所选择的牌黏在窗户上。当观众走过去检查牌上的签名时,他会大吃一惊。牌黏在了窗户玻璃的外面。

赫默在芝加哥周边以魔术为生,经常在酒吧中表演,用帽子讨钱。他四处造访魔术师,和他们交换魔术,他还会讲极让人讨厌的笑话:"臭鼬一家围着一个莴苣头吃晚餐,它们的父亲鞠躬说道,'让我们祈祷'"(英语中"莴苣祈祷"(lettuce pray)和"让我们放

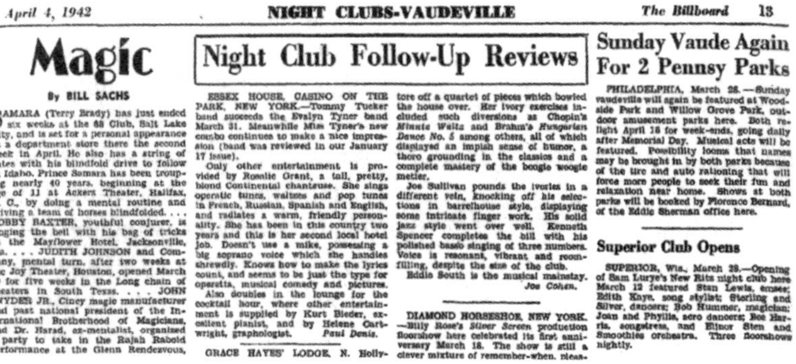

April 4, 1942 NIGHT CLUBS-VAUDEVILLE The Billboard 13

Magic

By BILL SACHS

SAMARA (Terry Brady) has just ended six weeks at the 68 Club, Salt Lake City, and is set for a personal appearance at a department store there the second week in April. He also has a string of dates with his blindfold drive to follow in Idaho. Prince Samara has been trouping nearly 40 years, beginning at the age of 11 at Ackers Theater, Halifax, N. C., by doing a mental routine and driving a team of horses blindfolded. . . . BOBBY BAXTER, youthful conjurer, is ringing the bell with his bag of tricks at the Mayflower Hotel, Jacksonville, Fla. . . . JUDITH JOHNSON and Company, mental turn, after two weeks at the Joy Theater, Houston, opened March 29 for five weeks in the Long chain of theaters in South Texas. . . . JOHN SNYDER JR., Cincy magic manufacturer and past national president of the International Brotherhood of Magicians, and Dr. Harad, ex-mentalist, organized a party to take in the Rajah Rabold performance at the Glenn Rendezvous,

Night Club Follow-Up Reviews

ESSEX HOUSE, CASINO ON THE PARK, NEW YORK.—Tommy Tucker band succeeds the Evalyn Tyner band March 31. Meanwhile Miss Tyner's new combo continues to make a nice impression (band was reviewed in our January 17 issue).

Only other entertainment is provided by Rosalie Grant, a tall, pretty, blond Continental chanteuse. She sings operatic tunes, waltzes and pop tunes in French, Russian, Spanish and English, and radiates a warm, friendly personality. She has been in this country two years and this is her second local hotel job. Doesn't use a mike, possessing a big soprano voice which she handles shrewdly. Knows how to make the lyrics count, and seems to be just the type for operetta, musical comedy and pictures.

Also doubles in the lounge for the cocktail hour, where other entertainment is supplied by Kurt Bieder, excellent pianist, and by Helene Cartwright, graphologist. *Paul Denis.*

GRACE HAYES' LODGE, N. Holly-

tore off a quartet of pieces which bowled the house over. Her ivory exercises included such diversions as Chopin's *Minute Waltz* and Brahm's *Hungarian Dance No. 5* among others, all of which displayed an impish sense of humor, a thoro grounding in the classics and a complete mastery of the boogie woogie metier.

Joe Sullivan pounds the ivories in a different vein, knocking off his selections in barrelhouse style, displaying some intricate finger work. His solid jazz style went over well. Kenneth Spencer completes the bill with his polished basso singing of three numbers. Voice is resonant, vibrant and room-filling, despite the size of the club.

Eddie South is the musical mainstay. *Joe Cohen.*

DIAMOND HORSESHOE, NEW YORK.—Billy Rose's *Silver Screen* production floorshow here celebrated its first anniversary March 18. The show is still a clever mixture of remember-when, pleas-

Sunday Vaude Again For 2 Pennsy Parks

PHILADELPHIA, March 28.—Sunday vaudeville will again be featured at Woodside Park and Willow Grove Park, outdoor amusement parks here. Both relight April 18 for week-ends, going daily after Memorial Day. Musical acts will be featured. Possibility looms that names may be brought in by both parks because of the tire and auto rationing that will force more people to seek their fun and relaxation near home. Shows at both parks will be booked by Florence Bernard, of the Eddie Sherman office here.

Superior Club Opens

SUPERIOR, Wis., March 28.—Opening of Sam Lurye's New Ritz night club here March 12 featured Stan Lewis, emsee; Edith Kaye, song stylist; Sterling and Silver, dancers; Bob Hummer, magician; Joan and Phyllis, acro dancers; Bee Harris, songstress, and Elinor Sten and Smoothies orchestra. Three floorshows nightly.

图10.82 一张1942年赫默表演的布告(来自Billbord版)

屁"（let us spray）读音相同）。他在整个中西部都表演过，从来不是一个明星，也从不为了赚钱。他只是在需要的时候去工作。

随着时间推移，他开始出售一些容易表演、但高度原创的魔术。也许他最有名的魔术就是数学上的"三张牌蒙特游戏"。该魔术首次发表于 1951 年，之后，有了大量的变型并被广泛地表演。即使你知道该魔术是怎么回事，你还是会被它愚弄。它把手指用做数字计算机，颇有逻辑学家卡洛尔（Lewis Carroll）的遗风。我们先介绍原始的版本，再介绍标准的变型。接着，我们将说明，从数学上看，对该魔术进行改进是完全可行的。最后，我们提供一些没有发表的变型，它们是由电影导演（也是伟大的纸牌魔术师）恩菲尔德（Cy Enfield）改编的。

赫默的三张牌蒙特戏法

原始版本

随机抽三张牌正面朝上放在桌上。表演者对观众说，他们要表演"三张牌蒙特心智魔术"，然后转过身去。他要求观众将牌两两随意交换，然后想着三张牌中的一张，再交换几次。不需要转回身来，表演者说："集中注意力到你的牌上……，让我想想，把你左边的牌拿起来"——这就是观众所选择的那张牌。

等等，再等等

上面就是观众所看到的魔术效果。和往常一样，扑克牌细节。首先，当观众两两交换需要插入一些相关的是，口中大声说"左边和中间交换"，或者"左边和右边交换"。在经过几次交换之后，表演者要求观众默想一张牌并记住它，然后一言不发地互换另两张牌。再一边说一边交换几次后，表演者能成功地揭示观众所选的那张牌。

方法：当牌取出来时，对中间这张牌做个记号（不妨设为黑桃A）。把右手当做微型计算机。首先，将右手的拇指和中指相触（黑桃A的位置）。然后转身背对观众，让他交换一对牌。如果他交换黑桃A，则你的拇指也移动到其他合适的手指。我们这么做的时候，右手掌心朝下，食指对应最左边的牌。如果观众交换"左边和中间"，则你的拇指也移动到食指。如果下一次交换是"中间和右边"，你的拇指不动。再下一次是"左边和右边"，你的拇指移动到无名指——总是显示黑桃A的位置。这个步骤可以想做几次就几次，不过一般两到三次的交换就足够了。

让观众默想三张牌中的一张，并且一语不发地交换其他两张牌。你的拇指保持不动。当他再交换几次牌时，你的拇指和前面一样，跟着假设的黑桃A移动。最后，根据你拇指所在的位置，要求观众将所对应的牌拿给你（例如，若你的拇指放在食指上，则要求观众将左边的牌给你）。快速地瞄一眼这张牌，若是黑桃A，则这就是观众所选择的牌，游戏结束。若不是黑桃A，则说，"请把剩下的牌随便递给我一张"。快速瞄一眼，若就是黑桃A，则说："恭喜你，桌上还放着的那张牌就是你所选择的牌。"如果不是黑桃A，则这张牌就是观众所选择的牌。于是，你可以说，"恭喜你——我猜错了，但是你正好猜对了。你所选的就是……（说出刚才递给你的牌）"。

正如我们所说的，即使你已经知道它是怎么做的，也要花一点时间思考魔术何以奏效。我们将这份乐趣留给你。

变型

没有理由非得用纸牌。实际上，在1950年代后期，为让舞台更显华丽，会使用颜色鲜艳的台球（例如红色，绿色和黄色）。它们被称为"Chop Chop * 心智彩球魔术"。我们来听听以下这段话：

喜爱与众不同的魔术师们！！！魔术支持者中的贵族！这是心智魔术的 1——2——3。1——在你的书桌上和书房里，展示一段会话！2——要取得简单、清晰又精彩的大师级成果的心智效果！3——让一名观众默想三个完美玻璃彩球中的一个（放置在磨得发光的黑色玻璃台上）。你转过身，让他们交换红色、绿色和黄色的球，随便交换几次。当他们停止后，你转过身马上说出他刚才所默想的那个球。心智彩球魔术能让你说着 1——2——3 立刻成为一名心灵感应大师。你家里的魔术师将会珍视它的美丽。售价—10 美元。

据记载，赫默的两页描述，售价是 1 美元。当时刊登"心理彩球魔术"广告的魔术杂志售价是 60 美分。而在 2011 年，一期《天才》杂志的售价是 6 美元。也许有点过度吹嘘，但这确实可以证明，赫默的小魔术可以改造成为上千名观众表演的大魔术。

在 20 世纪 50 年代，我们的朋友古兰（Al Koran），一位英国心灵主义者，出售一种流行的不用纸牌而采用其他道具来表演该魔术的方法。用三个咖啡杯，口朝下排成一列放在桌上。表演者（你）观察其中的一个杯子的特征，把它当作黑桃。观众将一张折叠的一美元放在其中任意一个杯子下面。按照魔术进程，你转过身，并说你准备开始表演心灵感应版本的"核桃把戏"，要求他一声不吭地交换下面没有美元的两个杯子。让他把一连串的交换都说出来，例如"左边与右边"或者"左边与中间"。最后，你可以转过身

---

* 澳大利亚著名魔术师惠特利（Al Wheatley），他在舞台上的艺名是 Chop Chop。——译者

来面对杯子。若做过记号的杯子和你拇指的位置是一样的，则这个杯子下面就放着一美元；若不是，则一美元就不在指定位置的杯子下面。这是个很好的魔术，可以重复表演一到两次。古兰设计了一个引人注目的结尾，通过采用某种手法说出美元上的序列号。

这些变型用到了两条信息。例如，在将美元放到杯子下面的版本中，魔术师必须转回身来。纽约的记忆专家洛兰（Harry Lorayne）引入了一个更简洁的变型：三件物体，如一枚硬币、一个火柴盒还有一根吸管，放在桌上。观众先选择其中一个物体，并交换其他两个物体的位置，像以前一样喊出一系列的位置交换。最后，表演者问观众，物体的顺序是否和一开始时一样。如果不是，要求观众继续交换并把每次的交换都说出来，直到三个物体的顺序和原来的一样。最后，求教你的拇指。若你的拇指刚好在中间，则中间这个物体即观众所想；若不是，则不在中间也不在你拇指所指位置的物体就是观众所想的物体。

在艾布拉姆斯（Max Abrams）设计的赫默魔术变型的基础上，加德纳提出了一个极易表演的新变型，这个改进版本让观众在交换位置的时候可以不用说出来。我们得到了加德纳本人的允许，在这里第一次对它进行解释。取三张牌，将它们正面朝下放在桌上。在其中的一张牌上做一个记号（画上一点或者弯一下）。这很容易做到，特别是用旧的扑克。你转过身，观众认准其中的一张，然后一声不吭地交换其他两张牌的位置。你转回身，如果做过记号的牌还在原来的位置，那么这张牌就是观众所选择的那张。如果不在，那么做过记号的牌和现在位于原来做过记号的牌所在位置的那张牌就都不是，要排除。因此，你就知道观众所选择的那张牌了。现在，快速地做一系列交换，就像在街头玩三张牌蒙特魔术的艺人。你只要一直盯着观众所选择的那张牌。最后,你也可以让另一位观众用手按住一张牌。若所按住的就是所选择的牌,魔术就此结束(用适当的溢美之词);若不是,则说"我们排除这张牌"。然后让原来的观众选择一张(也许再交换几次),若选对了,魔术就此结束;若不对,则说"这两张牌排除,最后剩下那张就是正确的答案,说出你的牌"。然后将它翻开,秀出这张正确的牌。

我们的贡献

经过深思熟虑之后,我们意识到以前的版本都没有充分利用所有的信息。为了更清楚地解释这一点,假设将一张 A、一张 2 和一张 3,从左到右,正面朝上放在桌子上。当观众说出交换过程时,就有足够的信息来判断三张牌的位置。现在,观众如上所述一声不吭地交换其他两张牌的位置(在选择一张牌之后)。只有三种可能性是未知的。在观众说出接下来的交换后,仍有三种未知情形。最后,表演者翻开中间那张牌。这可以是三张牌中的任一张且提供了足够的信息来确定观众选择的那张牌。若所翻的牌符合原来的排序,则它就是观众所选的那张牌;若不是,则这张牌和原来中间那张牌就都不是,剩下的第三张牌就是观众所选择的那张。

这就排除了原版赫默魔术的第二个问题,并且避免了棘手的"让我们重新将牌换回到原来的位置上"。最后,易于机械地跟上这三张牌。一种办法是用上两根拇指。右手拇指跟着原来中间那张牌,左手拇指跟着原来左边那张牌。若不想用两根拇指,则用赫默的妙招,锁定视线内的三个物体,比如一盏灯、一个闹钟和一扇窗户。当观众喊出对应于中间物体的那张牌的位置交换时,你的目光在这三个物体中移动,并用一根手指指着这三个物体中对应第一张牌的物体。这需要练习,但并非人人都认可的地道的魔术。

请等一下,也许手指版本不算魔术!

我们设计了一种在某些情况下也许有用的变型。这个版本只需要跟上一张牌(比如说牌 A)。然而,你依然要统计总交换次数的奇偶性。最后,翻开拇指所示位置上的牌,和赫默的原版一样。若还是原来的牌,则魔术到此结束。若不是,则观众所选的牌还在桌上。可能是原来右边位置(+1)上的牌,也可能是原来左边位置(−1)上的牌,循环往复。以下是简单的规则。若递给你的牌是 2,则记 +1,若是 3,则记 −1。若交换的次数是偶数,则游戏结束;若交换的次数是奇数,则正、负号对换。由此给出了观众所选择的牌的位置。

恩菲尔德的石头、剪刀、布

恩菲尔德是个奇人。他是美国著名电影导演(作品有《撒哈拉沙漠的沙子》、《祖鲁人》、《乔·帕鲁卡先生》等),他在麦卡锡时代曾被列入黑名单,于是他搬到了英国,过上了新的生活,还拍了很多的电影。恩菲尔德是一位非常娴熟的纸牌高手。他的三卷本《有趣的纸牌魔术》提出了现代纸牌魔术的新标准,也提供了固体表演材料。后来,他发明了一种手工制作的棋,合起来是两支笔,但打开就是可以下的棋,轰动一时。

他和妻子莫林(Maureen)将乔普林(Scott Joplin)的雷格泰姆(ragtime)音乐编进了音乐剧(讲的是他家乡宾夕法尼亚斯克兰顿的故事)。在恩菲尔德的所有成就中,值得一提的是他的微型打字机——一个单手的键盘,在计算机革命的早期,成了一件成功的产品。

我们和恩菲尔德保持通信已经超过 40 年了。我们大约花了五年时间一起研究赫默的数学三张牌蒙特游戏。以下魔术是我们合作开发的,它是恩菲尔德表演节目单中的保留节目。他因通过邮件为加德纳表演魔术而感到十分自豪——加德纳把他的所有魔术信件都给了我们。我们也很自豪地看到,我们的魔术愚弄到了他。他要求恩菲尔德提供细节,但恩菲尔德拒绝了他!以下是该魔术的秘密。

石头、剪刀和布

表演者首先解释经典的"石头——剪刀——布"游戏。每一种物体都能胜过另一种物体:在一个无传递性的循环里,布能包住石头,石头能打碎剪刀,剪刀能剪破布。表演者转过身背对观众,一位观众从这三个物体中选择一个,然后一声不吭地交换另两个物体的位置。第二位观众在余下的两个物体中选择一个,并交换另两个物体的位置。第三位观众选择剩下的一个物体。再交换几次后,不用转过身,表演者就能说出这三位观众的选择。

表演的细节是这样的:拿出一张纸,撕成三张大小大致一样的纸片。其中一张稍微大一些,这样这三张纸片可以通过大、中(有两条粗糙的边)和小区分开来。按照已知的顺序,在三张纸片上分别写石头、剪刀和布(例如,在最小的纸片上写"石头",在中间的纸片上写"布",最大的纸片上写"剪刀")。你转过身,让观众甲选择一个物体,然后一声不吭地交换其他两个物体的位置。观众乙在余下的两个物体之间选一个,然后交换另两个物体的位置,说出他的交换(例如"左右交换")。让这位观众再多做几次交换,不过每次都要说出交换过程。观众丙只需全神贯注于第三个物体就可以了。

你一直背对观众,你的推理过程如下:当观众乙说出他的交换步骤(例如"左右交换")时,你要记住他没有叫到的位置(此处为

"中间"），这个位置上的物体是观众甲的选择。接下来他们还会做几次交换。你要一直跟着观众甲所选物体的位置。

最后，让观众丙选择观众乙没说过的位置上的物体。让观众乙拿起你跟着的位置上的物体，观众甲所选物体留在了桌上。表演时虚张声势，看上去就像你预测了所有三次选择一样。

要把这个魔术做得流畅自然，需要多练，要理解它何以奏效，也颇费心思。到目前为止，实际上表演者还没有用到可以从形状上识别三张纸条的信息。上面的魔术可以用任意三个物体来表演，例如：一块真正的石头，一张纸和一把剪刀（或者一个硬币、一块手表和一根香蕉）。可用形状来识别的原因，我们在下一节介绍。

尼尔的石头、剪刀和布

将三张纸正面朝下，打乱一下，每次一张，放在三位观众前面。根据纸的形状，你知道哪位观众面前是哪张纸。假如观众和物体的对应关系是：

汤姆　　迪克　　哈瑞

石头　　布　　剪刀

同样地，表演者转过身去，背对观众。让三位观众交换几次位置，他们不用告诉你他是谁，只要说"交换"就可以了。类似地，他们也可以两两交换纸的位置，例如"石头"和"布"，等等。这两种交换都进行多次。效果出现在以下三个阶段：

1. 经过几次交换后，表演者（正确地）宣布汤姆击败了哈瑞。

2. 再进行几次交换后，表演者问两位观众的名字，并预测谁打败了谁。

3. 再次进行交换，观众推选一名玩家（例如汤姆），表演者宣布汤姆能战胜迪克。

我们将此作为一个逻辑问题留给读者自己思考。这真的让人拍案称奇。这个魔术是恩菲尔德对《这不是一本书》中所载的尼尔的第一个魔术的改编版。它发展了尼尔在《护枢者评论》中的"结束游戏(End Tame)"。恩菲尔德将这个魔术包装成分别使用匕首、长矛和网作为武器的三个角斗士的战斗(长矛战胜匕首,匕首刺破网,网包住长矛)。他也开发了采用棋子和纸牌的版本。回想起来,使用纸片的伎俩其实并无必要。直接用一块小石头、一张纸和一把剪刀也许更好。对于尼尔的魔术,我们可以不用任何道具表演。只要三位观众举起他们的手,一位捏成拳头(石头),一位把手掌打开(布),一位伸出两根手指头(剪刀)。交换时,他们只要交换他们的位置就可以了。

这是对赫默原来的想法的拓展,第一章也是如此。在我们看来,赫默的许多别的思想也都存在拓展的空间。读者可以自行探索。

7 加 德 纳

在写本节之前，我们先在网上亚马逊书店中，输入"Martin Gardner"，出现了145条书目。写（或编）这么多书，真是一项了不起的丰功伟绩。更令人惊讶的是，其中的绝大多数都已付梓。他的书包括小说、哲学、科普、诗歌、谜语和趣题书等等。加德纳是科普作家的泰斗和无情揭穿巫术和伪科学的战士，他还是一位手法娴熟的魔术师。但是，最重要的是，他是我们的朋友。50多年来，他鼓励和教导我们，出版我们的魔术和数学成果，他也是最前沿、最风趣的焦点人物。

从1956到1991这35年里，加德纳为《科学美国人》撰写数学游戏专栏。这为全世界数以百万计的读者打开了趣味数学这一温柔艺术的大门。在写专栏的过程中，加德纳真的改变了世界——他出版了第一部介绍公钥密码的书，如今该密码已在许多在线的银行交易中使用。他第一个出版了介绍康韦（John Horton Conway）"生命游戏"和彭罗斯（Roger Penrose）著名的彭罗斯瓷砖的书。生命游戏让世界各地的计算机负载过重，以至于该游戏在很多地方遭到强行禁止。

加德纳的专栏内容丰富多彩。在他的一本书中，有这样的一则广告：

> 警告：加德纳已经将几十个无知的青年变成了数学教授，将几千个数学教授变成了无知青年。

我们就是活生生的证明；加德纳对一位 14 岁的逃学少年进行教育，首次发表我们的一些数学发现（在《科学美国人》上），偶尔还能抽出时间帮助我们做家庭作业。我们申请读研究生时，加德纳是为我们写推荐信的作者之一。这里还有温暖人心的故事。马丁在我们的推荐信中说："我对数学懂得不多，但这个小伙子在过去十年里发明了两个最好的纸牌魔术，您应该给他一个机会。"哈佛大学统计学教授莫斯泰勒（Fred Mosteller）也是一位狂热的业余魔术师。作为招生委员会的委员，他同意将这个小伙子招入哈佛。他成了这个小伙子的论文导师，毕业后，这个小伙子最终回到哈佛成了一名教授。

再讲一个关于加德纳的推荐信的故事。推荐信寄给了很多研究生院。加德纳收到了来自普林斯顿大学的克鲁斯卡尔（Martin Kruskal，一位大数学家，以发现孤立子而闻名）的一封回信，大意是："加德纳，说真的，你不了解数学。这个小伙子有限的知识背景不足以进入高深的数学系。"克鲁斯卡尔接着解释了所谓的克鲁斯卡尔原则。这是一个在纸牌魔术中广泛使用的新原则。几年以后，这个小伙子在普林斯顿的防御分析研究所做报告，这个研究所是普林斯顿的密码学智库。报告结束后，克鲁斯卡尔走了过来，对这个报告充满了热情，他问道："我怎么从来没有听说过你？报告太精彩了！"小伙子试图让克鲁斯卡尔想起他们的往事，克鲁斯卡尔却否认，但是这个小伙子仍然保留着那封信。这是卡鲁斯卡尔聪明反被聪明误的少数事例之一！

加德纳的写作秘诀之一是他接触与所写内容相关的材料,建立小的模型,用具体例子来试验,内化吸收,把玩实例和定理,直到"看见"它们。这里有个实例,是关于马丁第一份研究报告的故事。

　　故事从最大的电话公司——贝尔实验室——所属的智囊团开始。可以理解,他们研究如何用最短电线(现在是光纤)联接一批基站的问题。为了理解这个问题,考虑一个等边三角形的三条垂线,每条边的长度为 1。只要绕过两条边,就可以联接全部的三个点(如图 10.83 所示),电线总长度为 2。

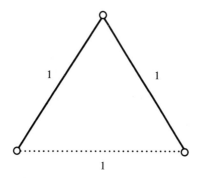

图 10.83　一个单位三角形的三个顶点

　　然而,考虑在三角形中间添加一个虚拟的点(叫做斯坦纳点),并将所有三个顶点都与这个中间点连起来(如图 10.84 所示)。于是,这个网络仍将三角形的所有三个顶点连接起来,但它的总长度却只有 $\sqrt{3}$。简单的计算显示,我们节省了长度,只有原长度的 $\frac{\sqrt{3}}{2} = 0.866\cdots$ 倍。这给我们提出了一个问题,就是我们能节省多少? 怎么做最节省? 这个中心点是最佳的吗? (是的。)对于更一般的一组顶点怎么办? 甚至当我们遇到正方形的四个顶点的时候,最佳结构是怎样的就不再显而易见了。

　　图 10.85 给出正方形情形的最佳构图(也可以将其旋转 90

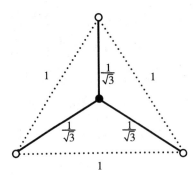

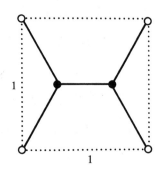

图 10.84　在中间额外加一个点　　图 10.85　一个单位正方形的最短网络

度)。不管你如何尝试添加附加点,连接一个单位正方形四个顶点的最短可能网络的总长度是 $1 + \sqrt{3} = 2.73205\cdots$。试将该长度与未添加附加点时的三边之和作比较。

　　我们和金芳蓉一起研究了 $2 \times n$ 网格中的最佳网络问题。特别地,我们证明了,当 n 是偶数时,最好的办法就是用单边将 2×2 个正方形连起来(见图 10.86),所以,我们只需增加 n 个斯坦纳点。然而,当 n 是奇数时,最短的网络需要增加 $2n - 2$ 个额外的斯坦纳点,并且结构复杂得多。

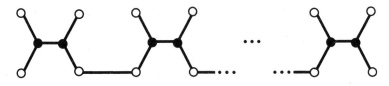

图 10.86　一个 $2 \times 2n$ 个顶点的最短网络

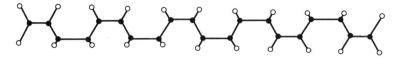

图 10.87　一个 2×11 个顶点的最小斯坦纳树

　　事实上,现在已知,对于任何可以增加额外斯坦纳点的顶点,你能够省下的长度不可能超过 $\dfrac{\sqrt{3}}{2}$ 倍。这里有一个漂亮的尚未解决

的问题,即在三维空间中寻找一组顶点的最佳比例。本例中猜想的比率是一个惊人的量:

$$\sqrt{\frac{283 - 3\sqrt{21}}{700} + \frac{9\sqrt{11 - \sqrt{21\sqrt{2}}}}{140}} = 0.78419$$

谁能证明这个比率是最佳可能结果,我们将重奖 1000 美元。

有一天,加德纳寄来了一封信。他在写一个关于"斯坦纳问题"的专栏文章。他有大量的关于一般网格的例子和猜测。我们一问一答,彼此都找到了对方的猜想的新例子和反例。这些通信的内容足以发表。这也是加德纳首次在数学杂志上发表论文。

我们的工作主要是一些敏锐的猜想。举个例子,对一个 $n \times n$ 网格,当 $n = 7$ 的时候,我们猜想的最短结构如图 10.88 所示。我们

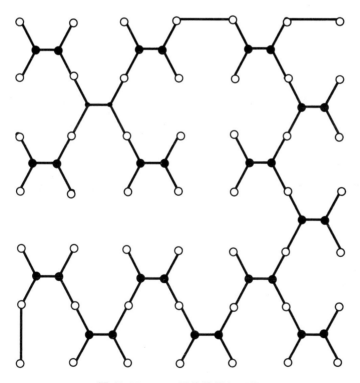

图 10.88 7×7 网格的最短网络

很自豪地向大家报告,我们合作的论文,获得了博览会的金奖。更令人欣慰的是,几年后,我们的猜想引起澳大利亚一个研究小组的注意。他们严格证明了我们的全部发现,并有了更多的发现。加德纳在他最后一期的《科学美国人》专栏里,讲述了他自己那个版本的故事,在《最后的消遣》的附录里又有转载。这一切都证明了我们说他接触材料的意思。

因此,我们和其他很多人都证明:加德纳将无知的青年变成了数学教授。如果你去参加一个全国性数学会议,随便问问有关加德纳的事情,你会发现有几百个相反的例子,专业数学教授被加德纳的某一篇专栏文章所迷住,花了大量时间迷失在一个有趣的数学问题所创造的奇迹里。

他是怎么做到的呢?也许加德纳最伟大的魔术就在于此。他写的有关数学的文章让年轻人和数学教授都迫不及待想看他的下一篇专栏文章。他不是一个数学家,他所拥有的只是芝加哥大学的哲学学士学位。实际上,当加德纳知道极限的思想时候,他还没有真正掌握微积分(比如对 $\sin^3 x$ 求积分)。这大概就是他和非数学家更容易沟通的原因。他是如何让专业人士保持兴趣的,这仍然是一个谜。我们注意到一件事情:加德纳的作品中充满了例子、事实、相关的趣闻轶事和很少用到哲学或者其他知识的数学事实。此外,作为一个非专业数学家,加德纳允许自己对有关话题心醉神迷。

但是,他的天赋远远不止这些。在如今这个平等的年代,不流行写天才人物。但我们在运动、绘画和歌唱领域都承认有天才。当然,加德纳也是我们所遇到过的趣味数学的天才作家。这并不容易做到。加德纳告诉我们,在他为《科学的美国人》撰写专栏的

35 年里,他每个月都要工作25 天以上。这其中包括回复不计其数的来信和回答不计其数的问题。为了应付脾气古怪的人,他在明信片上印上一串古怪的主题:

我不能回答:

□ 三等分角;

□ 四色问题;

□ 倍立方;

……

因为我并非受过专业训练的职业数学家。

他在相关主题前面画上√。

他的通信社交网使耀眼的娱乐宝石凭空出现。数量浩瀚如海。在他数以千计的杰出贡献中,那些最优秀的成果意义深远。伟大的计算机科学家高德纳花了好几个星期才读完加德纳的文献,渴望得到(或找到)丢失的黄金。通过高德纳的努力以及艾萨克斯(Stan Isaacs)的辛勤工作,加德纳的文献,每一个栏目包括一到三个文件夹,还有他的研究材料、草稿和读者来信,有条件的学者都可以在斯坦福大学格林图书馆查阅到。

下面我们讲述一个让我们感到难过的故事。一天(大约是在1970 年),加德纳的精神看起来特别亢奋。"你知道,毕业后我写了篇小说,是关于学术界错综复杂的现代宗教的。我四处投稿,但是这几年来它一直还放在我的书架上。在一个派对上,一个年轻的出版商问我是否有东西要出版。我重新拿出我的小说,他很喜欢它。"此后的一年里加德纳一直说起件事:"我已经读完了小说的校样。""他们设计了一个很棒的封面。""我听说《纽约时报》会刊登它的书评。"而后,我们就听到了我们听过的最伤心的一句话:"如果这本小说出版了,也许我终于可以停止写智力趣题了。"我们感到了震惊,世界上最好的科普数学作家并没有深深地感到满足。我们将心灵的震撼带到我们自己的工作中。我们每一人都有天赋,我们许愿要享受我们的成功,但是如果有人得意过头,我们也要给他当头棒喝呵。

加德纳将一生都献给了魔术。他将胡迪尼(Houdini)和瑟斯顿(Thurston)视为至交,与每一位专业魔术师交往,超过80余年。类似地,在过去的50年里,他是数学魔术绝对的核心人物。我们经常靠对他的回忆来解释我们的疏漏。希思的《数学:魔术,趣题和数字游戏》是早期十分流行的一本趣味数学读物。希思的表演和写作都很活跃。为什么他不在我们的名单里?答案很简单,希思是一位富有的证券经纪人,他是一个自负的傻瓜。他表演的数学魔术乏味极了,让观众昏昏欲睡。加德纳回忆了希思在纽约的美国魔术师协会上进行的舞台表演。他在一块大黑板上画满了只有素数组成的幻方一类的东西。你只会在厨房桌子上玩这个游戏,或者你是一个伟大的表演家能让这些幻方变成真的,但希思并不善于表演,观众们死气沉沉。在他的表演即将结束时,就在他讲完结束语之前,一位年长的绅士站了起来,他说想试试另一个魔术。他将黑板上的字擦掉,让十位观众说出不同的十位数字。观众们一说,他马上就写在黑板上,并在下面画了一条线,并立即写出这些数字的庞大的总和。他又迅速地擦掉这些数字(这样没有人能检验是否正确),然后深深地鞠了一个躬。这位老者就是贝克(Al Baker),当时美国魔术师协会的负责人。他以戳破他人的自我膨胀著称。观众都很喜欢,但是希思狂怒地拂袖而去。

加德纳从不说别人的坏话。对于我们上面的故事,他补充说,

图 10.89　一个六面形折纸（图片版权罗伯特·兰）

正是因为希思，他才以写趣味数学为业。在希思曼哈顿的高层公寓里有一块大布，上面是一个迷人的"六面形折纸"。

加德纳开始为这个小玩意着迷，他前往普林斯顿大学拜访四位科学家（费恩曼（Richard Feynman）、图基（John Tukey）、斯通（Arthur Stone）和塔克曼（Tuckerman）），他们都能编造神奇的小道具。他将有关这个玩具的故事出售给《科学美国人》，那时的出版商皮尔（Gerard Piel），很喜欢这玩意，渴望看到更多。读者们喜欢它，一个专栏就应运而生了。

当时，加德纳靠为一个儿童杂志写作勉强度日。弗农告诉我们，加德纳穷困潦倒。当遇到这位魔术师的时候，他买不起一顿饭和一杯咖啡。"他的袖口都磨破了，已经贫困交加了好几年。"他拒绝去公司工作，想靠自己的写作生活，但是他的作品一直没有卖出去。

该说点加德纳的魔术了。到现在为止，他最著名的魔术就是"说谎的拼读者"。让一位观众选择一张牌，并读出牌的名字（一张卡片一个字母），但观众允许随着游戏进程撒谎。最后，末了发的一张牌是实际选择的那张。这个新的计谋（和法术）迷住了魔术师们。它最早发表在美国的魔术杂志《厄运》上。执着的读者也可以在《马丁·加德纳作品集》里找到它以及它的很多变型。我们曾问加德纳,他自己最喜欢哪个魔术,他告诉我们,是一个神奇的几何图形消失的魔术,他发表了这个魔术,但并没有因为他的发明受到赞扬。这个魔术使用的是一个正方形,将其切成几个小块。滑动这些小块并重新组合后,发现中间留下了一个洞(如图 10.90 所示)。加德纳曾写过几何图形消失的拓展趣题(见《数学、魔术和秘诀》一书)。这个版本的结果相比以前的版本,最后出现的洞更大。在《大学数学学报》的一次访谈中,加德纳用自己的语言讲述了这个故事。

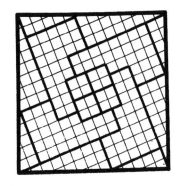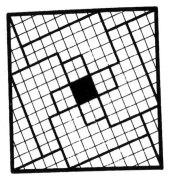

图 10.90 加德纳的消失正方形

这次访谈也包含了很多加德纳的最爱,包括他最喜欢的牙签拼图:平面上用牙签拼出一个长颈鹿(如图 10.91 所示),只移动一根牙签,使得动物的图形和刚才完全一样,但方向相反。读者在《游戏杂志》以及斯洛克姆(Slocum)和博特曼(Boterman)漂亮的作品《新老拼图》中,可以找到更多关于

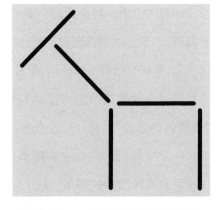

图 10.91 加德纳的长颈鹿牙签拼图

这种有趣的"消失的拼图"的游戏。

这里有个加德纳的小魔术,我们发现它也很有魅力。找一位观众,他的名字的缩写有三个字母(我们的名字缩写是 P. W. D 和 R. L. G;而加德纳没有中间名),不妨设他的缩写字母是 S,P 和 H。你可以这样说:"我们的周围有一些奇怪的巧合,我将向你展示这些名字缩写的奇异之处。"将他的名字缩写在纸上写三遍,并将纸撕成九片,每一片纸上一个字母。

将一组纸片放在桌上,将剩下的两组分别交给两位观众。"我希望你们俩能一起帮助我找到一种巧合。将你们手上的一组纸片朝下放到桌上,排列在桌上那组纸片的下方,这样我就看不到任何明显的信息了。注意,你们在放的时候,不要将'S'放在第一行的'S'下方,不要将'P'放在第一行的'P'下方,也不要将'H'放在第一行的'H'下方。"(如图 10.92 所示)观众回答你的问题("你们两个没有串通吧""你认识 S. P. H. 多久了?"等等)。最后,你宣布,惊人的巧合真的发生了。

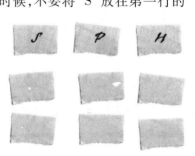

图 10.92　标记的纸片

会发生两种情况中的一种。当观众将一组纸片朝下放在桌上,并排在桌上正面朝上的纸片下方的时候,第一种可能的三对匹配,即两张"S"挨在一起,两张"P"挨在一起,两张"H"挨在一起。这样的话,将第一行正面朝上放的三张纸片拿走,巧合就出现了(用一点炫耀的口吻)。另一种可能是,每一组纸片都包含三个大写字母"S"、"P"和"H"(见图 10.93)。你最后说,"尽管你们是随机放置的,但物以类聚,始终不要忘记名字的统一"。

图 10.93　两种可能的结果

　　这个魔术是自运行的。加德纳发明该魔术时用的是扑克牌，并以"A–2–3"为题将其发表。市场上出售的版本是用字母 E—S—P。这个名字的缩写版是 40 年前奎因(Frank Quinn)告诉我们的。奎因已经离开我们多年了，但他那充满吸引力的变型还一直活跃着。

　　也许，加德纳最重要的贡献是开创了现代趣味数学这个领域。我们的这本书应该归功于数学魔术的许许多多的明星。在我们的工作中，有很多人鼓励和帮助我们。我们最自豪的一个荣誉就是：我们每个人都被加德纳的某一本书题献过，没有比这更好的礼物了！

图 10.94　2007 年两位作者与加德纳合影

第十一章

百尺竿头，更进一步

假如你已经走到这一步，但还想知道得更多。更多的娱乐数学、更多的数学，更多的魔术。那么，本章提供了进一步学习所需要的资源和技术。

趣味数学

当问题有简单答案的时候，它看起来总是很漂亮。怎么才能学到更多的趣味数学呢？什么是最好、最有趣的资源呢？答案是：去找任何一本（或者全部）加德纳《科学美国人》专栏的文集或他的《数学巨著》，那些都是很好的范本。如果你对魔术感兴趣，所有这些书都有一章专门讨论魔术。这些书的内容如此丰富，写得又如此引人入胜，我们打赌，你会一连几个小时都手不释卷。

一个忠告：加德纳已出版了 140 多本书，其中与魔术关系最密切的是以下这 16 本：

0.《数学、魔术和秘诀》

1.《悖论与谬误》

2.《迷宫与幻方》

3.《数学新娱乐》

4.《意外的绞刑和其他数学娱乐》

5.《〈科学美国人〉数学娱乐第六卷》

6.《数学狂欢节》

7.《数学魔术秀》

8.《数学马戏团》

9.《矩阵博士的魔法数》

10.《车轮上的生活》

11.《打结的甜甜圈》

12.《时间旅行》

13.《从彭罗斯瓷砖到陷门密码》

14.《分形音乐》

15.《最后的消遣》

除了第0条以外,其他的15条全部都可以在美国数学会的检索光盘中找到。这些书也被剑桥大学出版社重新以新版的形式发行:加德纳学会了用网络(在他90岁的时候!),帮助编写这些书的新版。

第0条是加德纳最早的数学魔术书,它至今仍然是最好的魔术单行本(但内容简短)。其余的书都是他的《科学美国人》专栏文集加上在很多读者智慧的基础上丰富扩充的附录。

我们在哈佛大学和斯坦福大学都开设了"数学和魔术"课程。有数学专业的学生,也有魔术师,他们都带着好奇而来。我们试着让一名数学专业的学生和一位魔术师配对——他们确实需要互相学习。第一份作业始终是去图书馆借加德纳的书。找到有数学魔术的一章,下周你就来表演和解释这个魔术。我们也把这个家庭作业布置给读者们。

学习更多的数学

最近出现了很多数学的科普读物,它们的目标是给我们的数学世界加一剂令人兴奋的调料。其中至少有四本书写0,一些书专门写各种基本的数学常数(π、e、i、ϕ、γ、$\sqrt{-15}$…),一些书关注诸如有限单群的神奇分类、百万奖金的庞加莱猜想的最新进展等主题,至少有五本书是关于著名的黎曼假设的。

这些书中大多数都是"调调味",而不是要清楚地讲授那些严谨的数学。不过,有一本书除外,就是我们要推荐的柯朗(Richard Courant)和罗宾斯(Herbert Robbins)的经典之作《数学是什么》。梅热(Barry Mazur)的《虚数,尤其是$\sqrt{-15}$》也是值得一读的入门佳作。

通常认为高等数学是从微积分开始的,但是奇怪的是,据我们所了解,基本上没有一个魔术用到了微积分。如果读者想要一本微积分的入门书,也许最好的就是汤普森(Silvanus P. Thompson)的《让微积分变得容易》,加德纳对它做了精彩的修订。

本书中用到的数学,基本上可分成三类:组合数学、数论和群论。斯坦(Sherman K. Stein)在《数学:人造的宇宙》中对这几个分支作了通俗易懂的叙述。更高层次的内容,可参阅赫尔施泰因(Herstein)和卡普兰斯基(Kaplansky)的《数学问题》。如果这些书有吸引力,那么网上和许多高校都有较为容易的入门课。

学习更多的魔术

本书中所解释的那些自运行魔术,只是该主题中很小的一部分。还有需要熟练手法的魔术、需要特殊道具和工具的魔术、大幻想、读心魔术、为儿童表演的魔术、宗教魔术、奇幻魔术等等。

更进一步,我们推荐一些基本的纸牌魔术,于加尔(Jean Hugard)和博(Frederich Beaue)的《纸牌魔术的捷径》是最好的入门书。此外,瑞士的魔术师乔比有一套精彩的丛书,读者可以从中学到从自运行魔术到高级娴熟手法的各类魔术。实际上,乔比的一套《纸牌学院》相当于纸牌魔术的大学水平。

有大量的魔术文献是针对认真的业余爱好者和专业魔术师的。我们作者中的一位,在个人图书馆中藏有大约五千册的小册子、书籍和魔术杂志。我们现在订阅了 30 种魔术杂志,其中的大部分(几乎肯定)对圈外人士来说技术性太强而难以获取。大量的、日益增加的教学光盘则更容易买到。大家也可以在 YouTube 网上看到很多魔术表演视频,在维基百科上找到许多经过解释的魔术。

如何接触魔术世界? 一条路经是:许多大城市都有魔术商店,大多数大城镇都有魔术俱乐部。美国魔术师协会和国际魔术师协会是美国魔术界的中流砥柱。其他国家也有类似的组织。

在附近找到一家魔术商店,进去,买一本书或一张光盘。如果他们试图向你推销一堆垃圾,那么,在你弄明白自己想干什么之前,应该予以拒绝。如果你选择星期六下午去,也许会碰到一些魔术师。你可以自我介绍,说你是初学者。大多数时候,他们会向你展示一些魔术,并给你讲些故事。也许,商店的老板还会向你介绍怎么加入当地的魔术俱乐部。我们发现魔术师都很平易近人,易于交往。多数魔术俱乐部偶尔晚上会向公众开放,如果你去认识一些人,他们会给你一些建议,纠正你的一些技术,并为你提供一些当地的资源。

和数学一样,魔术也有很高深的一面。除了秘密和手法外,还要了解道具怎么使用。魔术的真正秘密在于:表演、误导以及魔术哲学。就是这些,把小孩子玩的魔术与真正愚弄和打动观众的魔术区分了开来。这里很难制定一个路线图。如果你瞄准了某个目标,就试着加快学习、消化和理解阿斯卡尼奥和塔马拉(Juan Tama-

297

riz）的魔术丛书。

学习更多的杂技

有大量资源来提高你的杂技技术。最主要的来源是杂技网站www. juggling. org 上各种杂耍的信息。里面相当完整地列出了一系列杂技的视频、杂技的道具、杂技的狂欢节、当今许多杰出杂技演员的主页、书以及当地杂技俱乐部的会议时间和地点等等。很多大学里也有杂技俱乐部，欢迎各种水平的杂技爱好者参加，特别是初学者。本奇（Ken Benge）的《杂耍的艺术》是一本魔术入门佳作。

回到前面

本书中，我们从魔术走向数学，最后又回到魔术。但是，我们并未到达终点。我们发现，这种往返行程是无止境的。如果你用数学的知识发明了一个新魔术，你可能会发现这个魔术的自然变型又会导致新的数学问题的诞生。所以它会不断地进行下去。

有两件事难以解释：怎样才能使一个魔术成为好魔术？如何将自运行魔术与真正的数学区分开来？我们一再看到有人将简单当作原创魔术来表演的平庸之举。大多数自运行魔术都具有这样的特点：一个拙劣的魔术一般都缺乏数学元素。它给我们的感觉是"非牛非马"（即就像马产奶而牛赛跑）。我们一直想说明，还有一些事情未做。当然还有许多事情要做。

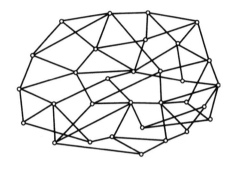

第十二章

关于秘密

数学家也是魔术师，但他会透露他的秘密。

康　韦

　　魔术的吸引力部分来自它的秘密。魔术师知道这些秘密，但
是不说。有些观众觉得这令人沮丧，但也有人觉得它很迷人。秘
密是故事的核心部分。当你被魔术师的世界接纳后，你就要保守
这些秘密。那些私自泄露魔术秘密的人，会被俱乐部开除，通常不
再被接纳。德旺（David Devant）是二十世纪初期伟大的魔术创作
家和表演家，在为大众写一本魔术书时犯下了错误。结果，他被驱
逐出他帮助建立的英国魔术协会"魔术圈"（他还曾是该协会的主
席），而且再也没有被重新接纳过。有好多年，他被其他魔术师所
鄙视。

　　世界在改变，但是秘密是魔术社团里的社会结构的黏合剂。
从我们十几岁开始到现在，如果我们在一个陌生的城市或在世界
的一个陌生部分，我们就会四处寻找一位当地重要的魔术师（通常
他们白天都要上班工作）。通常是通过电话或者电子邮件来联系
的："我们在印第安纳波利斯（或者尼斯，或者上海）认识什么重要

人物吗?"当我们到了一个城镇,我们会打电话给当地最出色的陌生的魔术师,说:"我是来自西海岸的魔术师,X 告诉我们说你对魔术很有兴趣……。"通常,我们会受到邀请与他一起进餐或者喝咖啡。乔也是这样走上这条道路的,并得以进行了某种意义上属于泄密的谈话。通常,谈的只是闲话和行业故事,但有时候也会展示一些精彩的魔术。魔术师们通常很乐意与能够分享秘密的同行会面。他们也享受相互愚弄的快乐。

数学过去常常被秘密所包裹。回到公元前 287 年到公元前 212 年,阿基米德,有史以来真正伟大的数学家之一,曾经用他自己从一般定理中得出来的特殊例子来引诱其他数学家,挑战他们去证明这些定理。最近发现,阿基米德比牛顿和莱布尼茨早两千多年就已基本上创造了微积分。他可以用它来看穿他人无法想象的事情。他保守了他的秘密(称为"方法"),但是随着他的去世,这个秘密似乎也跟着消失了。原来,他将秘密托付给了一位朋友,这份失踪很久的手稿已经永远佚失了。一百年前的一本宗教书里出现了它的一个抄本(或抄本的抄本)。很多世纪以前,为了重复使用羊皮纸,羊皮纸上阿基米德的手稿被擦除了。近两千年后,有人发现了残余的数学内容,阿基米德的手稿就这样被重新发现了。这个神奇的故事在尼茨(Reviel Netz)和诺尔(William Noel)的《阿基米德羊皮书:一本中世纪的祈祷书是如何揭示古代最伟大的科学家的真正天才之作的》一书中有详细的描述。保守秘密是需要代价的。

数学史上一直都有保守秘密的传统。16 世纪数学家塔尔塔利亚(Tartaglia)发现了解三次方程的方法(例如求 $x^3 + 10x^2 + 7x = 100$ 的根)。这类问题被公开悬赏,解出问题的人可以获得奖金。

当时，塔尔塔利亚造访一个新镇，如果当地的智者不能解决这个问题，塔尔塔利亚就能扬名天下。因一时心软，塔尔塔利亚将这个方法告诉了另一位数学家卡尔丹。虽然卡尔丹发誓保密，但是我们都知道这往往意味着什么。几年后，卡尔丹发表了该方法，并因此获得人们的赞誉，甚至直到今天。

现在，数学上的秘密也常常来自那些试图通过他们的发现来获得奖赏的数学家。几百年前，牛顿和莱布尼茨（两位伟大的数学家，他们相互竞争）用密码交流他们的工作，所以他们都可以将功劳归于自己。在二十世纪，怀尔斯（Andrew Wiles）在解决费马大定理的时候，在公开发表成果以前，他保守了七年秘密。另一方面，剑桥大学的数学家高尔斯（Tim Gowers）最近实施了一个不寻常的名为"博学者"的合作项目。他召集全球数十位数学家，通过互联网合作解决组合数学方面尚未解决的问题（和难题）。他说，用我们新的交流技术，许多大脑可以一起工作，会比一个人单打独斗更有效率。很神奇的是，这个试验真的解决了一些问题，发现了一些所需结果的证明，且被推广到更多问题的证明中。现在问题变成了怎样分配功劳。高尔斯的计划是，最后的结果以"博学者"作为署名（也许会在致谢中感谢所有的参与者）发表。"博学者"的方法是（数学和魔术）研究的一种新范例吗？只有时间能给出答案。

秘密数学通过加密技术和理论计算机科学中所谓的零知识证明，已经成为一个热门话题。在这最后的应用中，你要让人相信，你不需要知道关于秘密的信息，就能知道这个秘密。

这里有个例子，是计算机科学家莫尼·内欧尔（Moni Naor）告诉我们的。他和七岁的女儿在玩流行的"威利在哪里"（*Where's Waldo*）游戏。这里，有一群玩家在看着一张巨大的图片，试图在混乱的人群中发现威利细小的人影。这是一个艰苦的视觉识别任务,小孩可能胜过成年人。一分钟后,莫尼喊"看出来了"。他的女儿叫起来,"你撒谎,你撒谎。"现在的小孩不如过去那么尊重父母!这里有个问题,莫尼知道了这个秘密(威利在哪里),要让他的女儿相信他知道了秘密,但不想告诉她更多的信息。我们会在最后告诉你莫尼是怎么做的,现在请读者思考一下。

在零知识证明的变型中,我们要让人相信我们证明了一个定理(比如费马大定理),却不告诉他我们是怎样证明的。这里有个例子:在第三章中,我们碰到了一个问题,就是要在一个图中找出一个回路,使得这个回路经过图中所有的顶点一次,并且回到起点。对一些图来说,找出这种回路是比较容易的(在 n 个顶点上画一个圈。)。但是对一般的图来说,不经过不断的尝试和纠错,要找到这样一个圈并不容易(见图 12.1)。

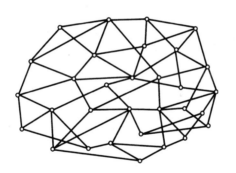

图 12.1 该图含有哈密顿回路吗

实际上,若能解决这种哈密顿回路问题,则可以解决一大堆所谓的 NP 难题。有着一大堆可能很难的计算问题,在一般情况下唯一的解决办法就是强行枚举所有可能的情形。

假如我们知道了一个图的一条哈密顿回路,想要让对手相信我们不用更多的信息就能知道。这里有个魔术:开始的图是由一系列顶点和边构成。我们(秘密地)选择一组(随机的)点加以移位。这样得到了一个新图(旧图中的边移位到新图中)。这种移位与原图同构。似乎很难判断两个图是否同构,即使图不是很大,它也可以很复杂。比如在图 12.2 中,我们用三种方式展示了同一个图。

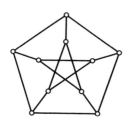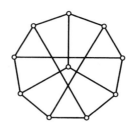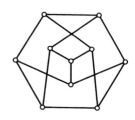

图 12.2 一个简单图的三种展现方式

回到我们的魔术中,我们展示我们的新图,在一张纸上写下我们的移位,在另一张纸上写下新图的一个哈密顿回路。这很容易,因为我们知道移位。由现在我们的对手进行选择(比如抛一枚硬币),看是检查我们的移位还是新图的回路。当然,只做一次还不可以确定(我们可能找出了有哈密顿回路的图,把它当作原图的同构),但是用 100 个新的案例来重复这个基本选择,他们会认为,我们凑巧知道原图的一个哈密顿回路的概率只能是 $\dfrac{1}{2^{100}}$。

上面所描述的基本思想来自一个特殊的例子。因为人们已经知道,有很多问题在计算上等价于哈密顿回路问题,这种方法有着广泛的用途。

莫尼是怎样解决这个问题的? 很简单他是这么做的:他拿出一大张两页的报纸,挖出一个小洞。拿出《威利在哪里》的书,放在报纸的下面,随意旋转和移动书的位置。然后他仔细地将洞对准威利给他女儿看,不用再多说什么了。

保守秘密对我们来说是一种奇妙的感觉。我们都是学术界的。当我们被数学同事所包围，我们很渴望告诉他们我们在干什么。偶尔，一位非魔术师问我们一个魔术是怎么实现的，我们回答，"对不起，我不能告诉你，我们要保守秘密"，这会变得很滑稽。

魔术师之间也相互保守秘密。多年来，我们听到了很多神奇的魔术的内情，并保守着这些秘密。这不为别的，只为保留魔术世界的魅力和神秘性。塔马里斯(Juan Tamariz)是伟大的西班牙魔术师，他在魔术的保密和发展之间做到了很好的平衡。当他发现一个新的魔术，他会保密 10 年，再告诉周围的人。我们需要指出，在杂技界这恰好相反。杂技演员喜欢和任何有兴趣聆听和学习的人分享他们的杂技和技术。这种感觉就是，如果你愿意勤奋地练习杂要的一些困难的技巧(比如旋转三球或者两手交叉抛五球)，他们会给你更多的鼓励。当然，这些大多是很有挑战性的技术，没有太多的商业表演潜力！

截止 2010 年，魔术和它的秘密都发生了很大的变化。这些变化一直被公开曝露在大众面前。记者知道了一种方法，就会马上写出来，在报纸上炫耀。也有"面具魔术师"在电视的特别节目中泄密。这些都是令人痛苦的冒犯，但是很快就会过去。改变魔术的是互联网。现在有许许多多的魔术都在诸如 YouTube 和维基网上一直上演。如果你看到一个魔术，想知道其中的秘密，你可以马上输入关键词搜索，也许用你的 iPhone 就可以做这些事。

这种暴露秘密的记录是永久性的。它是自行建立起来的。同样的力量建立了维基网，依靠着团体的集体智慧，共同揭示魔术的秘密。随着这种变化，魔术师也变得鱼龙混杂。首先在书里，然后在磁带里，现在是 DVD 和网络聊天室里，很多严格保密的魔术也都被展示了出来。这种改变不会消失。

　　这会给魔术未来怎样的变化？这里有三个乐观的想法：首先，信息浩如烟海，很难区分好还是坏，对的方法还是错的方法。因此，不知去哪儿找秘密，该相信哪个秘密。也许会一直如此。其次，揭秘魔术的标准方法，会促使魔术团体开发出新魔术。看看一些魔术的技术和效果，很多方法得回溯到五百年前。带来新的魔术，这是我们所需要的。最后，秘密的曝光将会导致表演风格更具技术性和技巧性，以表演取胜。毕竟，当我们听到一个有天赋的歌手演唱哪怕是耳熟能详的歌，我们也会很享受和被感动。弗农曾带我们到一个老式的台球厅，那里面正在进行三边台球的选择游戏。观众不是吵闹的酒徒，而是一群安静的观众，他们围着看两位大师的比赛，安静地点头和礼貌地鼓掌是这群观众的反应。弗农说道，"如果人们能以这样的方式欣赏魔术，那该多好啊！"

责任编辑　卢　源　李　凌

封面设计　杨　静

大开眼界的数学

魔法数学:大魔术的数学灵魂

珀西·迪亚科尼斯　葛立恒　著

马丁·加德纳　序

汪晓勤　黄友初　译

出版发行　上海科技教育出版社有限公司

　　　　　（上海市闵行区号景路159弄A座8楼　邮政编码201101）

网　　址　www.sste.com　www.ewen.co

经　　销　各地新华书店

印　　刷　天津旭丰源印刷有限公司

开　　本　787×1092　1/16

印　　张　20

字　　数　223 000

版　　次　2015年8月第1版

印　　次　2023年8月第8次印刷

书　　号　ISBN 978-7-5428-6223-5/O·966

图　　字　09 - 2012 - 134号

定　　价　49.80元